中华人民共和国水利部

水利工程施工机械台时费定额

黄河水利出版社

图书在版编目(CIP)数据

水利工程施工机械台时费定额/水利部水利建设经济定额站主编.—郑州:黄河水利出版社,2002.6

中华人民共和国水利部批准发布

ISBN 7-80621-562-X

Ⅰ.水… Ⅱ.水… Ⅲ.水利工程-施工机具-概算定额 Ⅳ.TV512

中国版本图书馆 CIP 数据核字(2002)第 030886 号

出 版 社:黄河水利出版社

地址:河南省郑州市金水路 11 号　　邮政编码:450003

发行单位:黄河水利出版社

发行部电话及传真:0371-6022620

E-mail:yrcp@public2.zz.ha.cn

承印单位:河南承创印务有限公司

开本:850 毫米×1 168 毫米　1/32

印张:6.75

字数:169 千字　　印数:1—25 000

版次:2002 年 6 月第 1 版　　印次:2002 年 6 月第 1 次印刷

书号:ISBN 7-80621-562-X/TV·269　　定价:32.00 元

水利部文件

水总〔2002〕116号

关于发布《水利建筑工程预算定额》、《水利建筑工程概算定额》、《水利工程施工机械台时费定额》及《水利工程设计概(估)算编制规定》的通知

各流域机构,部直属各设计院,各省、自治区、直辖市水利(水务)厅(局),各计划单列市水利(水务)局,新疆生产建设兵团水利局,中国水电工程总公司,武警水电指挥部:

为适应建立社会主义市场经济体制的需要,合理确定和有效控制水利工程基本建设投资,提高投资效益,由我部水利建设经济定额站组织编制的《水利建筑工程预算定额》、《水利建筑工程概算定额》、《水利工程施工机械

台时费定额》及《水利工程设计概(估)算编制规定》,已经审查批准,现予以颁布,自2002年7月1日起执行。原水利电力部、能源部和水利部于1986年颁布的《水利水电建筑工程预算定额》、1988年颁发的《水利水电建筑工程概算定额》、1991年颁发的《水利水电施工机械台班费定额》及1998年颁发的《水利工程设计概(估)算费用构成及计算标准》同时废止。

此次颁布的定额及规定由水利部水利建设经济定额站负责解释。在执行过程中如有问题请及时函告水利部水利建设经济定额站。

中华人民共和国水利部

二〇〇二年三月六日

主题词:水利　工程　建筑　定额△　通知

抄送:国家发展计划委员会。

水利部办公厅　　　　　　2002年4月1日印发

主编单位　水利部水利建设经济定额站

技术顾问　李治平　王开祥

主　　编　宋崇丽

副 主 编　韩增芬

编　　写　刘六宴

目　　录

说　明

一、本定额适用于水利建筑安装工程。内容包括：土石方机械、混凝土机械、运输机械、起重机械、砂石料加工机械、钻孔灌浆机械、工程船舶、动力机械及其他机械共九类，1244 子目。

二、本定额以台时为计量单位。

三、本定额由两类费用组成，定额表中以（一）、（二）表示。

一类费用分为折旧费、修理及替换设备费（含大修理费、经常性修理费）和安装拆卸费，按 2000 年度价格水平计算并用金额表示。

二类费用分为人工、动力、燃料或消耗材料，以工时数量和实物消耗量表示，其费用按国家规定的人工工资计算办法和工程所在地的物价水平分别计算。

四、各类费用的定义及取费原则：

1. 折旧费：指机械在寿命期内回收原值的台时折旧摊销费用。

2. 修理及替换设备费：指机械使用过程中，为了使机械保持正常功能而进行修理所需费用、日常保养所需的润滑油料费、擦拭用品费、机械保管费以及替换设备、随机使用的工具附具等所需的台时摊销费用。

3. 安装拆卸费：指机械进出工地的安装、拆卸、试运转和场内转移及辅助设施的摊销费用。不需要安装拆卸的施工机械，台时费中不计列此项费用。

4. 人工：指机械使用时机上操作人员的工时消耗。包括机械运转时间、辅助时间、用餐、交接班以及必要的机械正常中断时间。台时费中人工费按中级工计算。

5. 动力、燃料或消耗材料：指正常运转所需的风（压缩空气）、水、电、油及煤等。其中,机械消耗电量包括机械本身和最后一级降压变压器低压侧至施工用电点之间的线路损耗,风、水消耗包括机械本身和移动支管的损耗。

五、本定额备注栏内注有符号“※”的大型施工机械,表示该项定额未列安装拆卸费,其费用在“其他施工临时工程”中解决。

六、搅拌楼台时费不包括本体以外的进料设备;塔带机台时费不包括主塔之外的皮带输送系统。

七、本定额单斗挖掘机台时费均适用于正铲和反铲。

八、本定额子目编号按以下方式排列:

土石方机械	1001～1138	混凝土机械	2001～2107
运输机械	3001～3207	起重机械	4001～4177
砂石料加工机械	5001～5100	钻孔灌浆机械	6001～6038
工程船舶	7001～7212	动力机械	8001～8039
其他机械	9001～9226		

一、土石方机械

项目		单位	单斗挖掘机				
			油动		电动		
			斗容（m^3）				
			0.5	1.0	2.0	3.0	4.0
（一）	折旧费	元	21.97	28.77	41.56	68.28	175.15
	修理及替换设备费	元	20.47	29.63	43.57	55.67	84.67
	安装拆卸费	元	1.48	2.42	3.08		
	小计	元	43.92	60.82	88.21	123.95	259.82
（二）	人工	工时	2.7	2.7	2.7	2.7	2.7
	汽油	kg					
	柴油	kg	10.7	14.2			
	电	kW·h			100.6	128.1	166.8
	风	m^3					
	水	m^3					
	煤	kg					
备注						※	※
编号			1001	1002	1003	1004	1005

单斗挖掘机							
电动		液压					
斗容（m^3）							
10.0	12.0	0.6	1.0	1.6	2.0	2.5	3.0
437.40	487.67	32.74	35.63	52.37	89.06	136.51	174.56
166.52	188.34	20.21	25.46	32.99	54.68	65.21	83.44
		1.60	2.18	2.57	3.56	4.18	
603.92	676.01	54.55	63.27	87.93	147.30	205.90	258.00
2.9	2.9	2.7	2.7	2.7	2.7	2.7	2.7
		9.5	14.9	18.6	20.2	25.4	34.6
266.8	373.6						
※	※						※
1006	1007	1008	1009	1010	1011	1012	1013

项目		单位	单斗挖掘机				
			液压				
			斗容（m^3）				
			4.0	5.0	6.0	9.5	10.0
(一)	折旧费	元	216.72	308.75	392.85	533.71	570.00
	修理及替换设备费	元	103.49	108.06	117.86	160.11	171.00
	安装拆卸费	元					
	小计	元	320.21	416.81	510.71	693.82	741.00
(二)	人工	工时	2.7	2.7	2.7	2.9	2.9
	汽油	kg					
	柴油	kg	44.7	56.3	63.7	78.1	86.2
	电	kW·h					
	风	m^3					
	水	m^3					
	煤	kg					
备注			※	※	※	※	※
编号			1014	1015	1016	1017	1018

续表

索式挖掘机				多斗挖掘机			挖掘装载机
油动				链斗式		轮斗式	斗容(m^3)
斗容(m^3)							挖0.1
1.0	2.0	3.0	4.0	0.045	0.08	DW－200	装0.42
34.83	47.50	76.00	190.00	13.95	17.81	71.25	7.72
36.58	49.88	72.20	114.00	17.24	19.87	74.11	6.92
3.14	4.28			1.96	2.22		0.57
74.55	101.66	148.20	304.00	33.15	39.90	145.36	15.21
2.7	2.7	2.7	2.7	2.4	2.4	5.3	1.3
14.6	19.4	32.3	40.4	8.4	15.4	106.2	6.6
		※	※			※	
1019	1020	1021	1022	1023	1024	1025	1026

项目		单位	挖掘装载机	装载机			
			斗容(m^3)	轮胎式			
			挖0.2	斗容(m^3)			
			装0.5	1.0	1.5	2.0	3.0
(一)	折旧费	元	8.91	13.15	16.81	32.15	51.15
	修理及替换设备费	元	7.99	8.54	10.92	24.20	38.37
	安装拆卸费	元	0.66				
	小计	元	17.56	21.69	27.73	56.35	89.52
(二)	人工	工时	1.3	1.3	1.3	1.3	1.3
	汽油	kg					
	柴油	kg	8.8	9.8	9.8	19.7	23.7
	电	kW·h					
	风	m^3					
	水	m^3					
	煤	kg					
备注							
编号			1027	1028	1029	1030	1031

续表

装载机							
轮胎式				履带式		侧卸式	
斗容（m³）							
5.0	7.0	9.6	10.7	0.8	3.2	2.8	4.0
153.46	328.85	457.41	506.67	52.78	133.70	136.52	140.74
83.79	142.06	160.09	177.33	32.79	71.10	82.29	84.84
237.25	470.91	617.50	684.00	85.57	204.80	218.81	225.58
2.4	2.4	2.4	2.4	1.3	2.4	2.4	2.4
39.4	42.9	67.0	72.9	12.7	62.9	28.5	38.2
1032	1033	1034	1035	1036	1037	1038	1039

项目		单位	多功能装载机	推土机			
			ZDL-250	功率（kW）			
			$250m^3/h$	55	59	74	88
（一）	折旧费	元	191.83	7.14	10.80	19.00	26.72
	修理及替换设备费	元	105.51	12.50	13.02	22.81	29.07
	安装拆卸费	元		0.44	0.49	0.86	1.06
	小计	元	297.34	20.08	24.31	42.67	56.85
（二）	人工	工时	2.4	2.4	2.4	2.4	2.4
	汽油	kg					
	柴油	kg	14.0	7.9	8.4	10.6	12.6
	电	kW·h					
	风	m^3					
	水	m^3					
	煤	kg					
备注							
编号			1040	1041	1042	1043	1044

续表

推土机							
功率（kW）							
103	120	132	150	162	176	235	250
32.91	39.00	43.54	47.50	60.00	66.18	100.55	152.00
35.64	39.71	44.24	48.23	55.63	59.57	80.44	94.54
1.30	1.54	1.72	1.97	2.40	2.65	3.71	4.56
69.85	80.25	89.50	97.70	118.03	128.40	184.70	251.10
2.4	2.4	2.4	2.4	2.4	2.4	2.4	2.4
14.8	17.0	18.9	21.6	23.3	25.3	33.7	35.9
1045	1046	1047	1048	1049	1050	1051	1052

项目		单位	推土机				拖拉机 履带式
			功率（kW）				
			301	343	522	575	20
（一）	折旧费	元	203.57	244.29	360.34	475.00	1.90
	修理及替换设备费	元	126.71	141.44	187.38	277.97	2.28
	安装拆卸费	元	4.07	4.21	4.29	5.65	0.07
	小计	元	334.35	389.94	552.01	758.62	4.25
（二）	人工	工时	2.4	2.4	2.4	2.4	1.3
	汽油	kg					
	柴油	kg	43.2	49.3	74.9	82.5	2.7
	电	kW·h					
	风	m^3					
	水	m^3					
	煤	kg					
备注							
编号			1053	1054	1055	1056	1057

续表

拖　拉　机							
履　带　式							
功　率（kW）							
26	37	55	59	74	88	118	132
2.28	3.04	3.80	5.70	9.65	15.20	16.08	19.00
2.74	3.65	4.56	6.84	11.38	17.02	17.53	20.71
0.11	0.16	0.22	0.37	0.54	0.81	0.88	0.95
5.13	6.85	8.58	12.91	21.57	33.03	34.49	40.66
1.3	1.3	2.4	2.4	2.4	2.4	2.4	2.4
3.5	5.0	7.4	7.9	9.9	11.8	15.8	17.7
1058	1059	1060	1061	1062	1063	1064	1065

项目		单位	拖拉机	铲运机			
			手扶式	拖式			自行式
			功率(kW)	斗容（m^3）			
			11	2.75	6~8	9~12	6~8
（一）	折旧费	元	0.81	4.35	7.13	11.88	19.79
	修理及替换设备费	元	2.12	5.61	8.76	14.17	29.69
	安装拆卸费	元	0.08	0.57	0.80	1.26	
	小计	元	3.01	10.53	16.69	27.31	49.48
（二）	人工	工时	1.0				2.4
	汽油	kg					
	柴油	kg	1.7				10.9
	电	kW·h					
	风	m^3					
	水	m^3					
	煤	kg					
备注							
编号			1066	1067	1068	1069	1070

续表

铲运机 自行式	削坡机	自行式平地机				轮胎碾	振动碾 自行式
斗容（m³）		功率（kW）				重量（t）	
9～12	0.5	44	66	118	135	9～16	7.13
22.96	178.13	10.36	30.23	38.54	53.87	13.51	49.57
34.44	71.25	13.54	33.73	41.15	46.03	15.76	18.48
	10.69						
57.40	260.07	23.90	63.96	79.69	99.90	29.27	68.05
2.4	2.7	2.4	2.4	2.4	2.4		2.7
16.0	9.7	8.4	12.7	17.4	20.8		8.1
1071	1072	1073	1074	1075	1076	1077	1078

项目		单位	振动碾				
			自行式		拖式		
			重量(t)				
			9.2	17.4	13～14	16	25
(一)	折旧费	元	63.10	80.13	17.23	18.14	33.32
	修理及替换设备费	元	23.52	34.35	7.10	7.39	13.33
	安装拆卸费	元					
	小计	元	86.62	114.48	24.33	25.53	46.65
(二)	人工	工时	2.7	2.7			
	汽油	kg					
	柴油	kg	13.6	14.9	9.5	9.5	16.3
	电	kW·h					
	风	m^3					
	水	m^3					
	煤	kg					
备注							
编号			1079	1080	1081	1082	1083

续表

振动碾		斜坡振动碾	羊脚碾			压路机		
凸块		拖式				内燃		
重量（t）		重量（t）	重量（t）					
13～14	23	10	5～7	8～12	12～18	6～8	8～10	12～15
74.35	84.00	17.27	1.27	1.58	2.22	5.49	5.85	10.12
33.46	36.01	6.91	1.06	1.34	2.26	10.01	10.18	17.28
107.81	120.01	24.18	2.33	2.92	4.48	15.50	16.03	27.40
2.7	2.7					2.4	2.4	2.4
16.3	18.2	8.5				3.2	4.5	6.5
1084	1085	1086	1087	1088	1089	1090	1091	1092

项　　目		单位	压路机 全液压 重量(t) 10～12	刨毛机	蛙式夯实机 功率(kW) 2.8	风钻 手持式	风钻 气腿式
(一)	折旧费	元	19.00	8.36	0.17	0.54	0.82
	修理及替换设备费	元	30.03	10.87	1.01	1.89	2.46
	安装拆卸费	元		0.39			
	小计	元	49.03	19.62	1.18	2.43	3.28
(二)	人工	工时	2.4	2.4	2.0		
	汽油	kg					
	柴油	kg	6.5	7.4			
	电	kW·h			2.5		
	风	m^3				180.1	248.4
	水	m^3				0.3	0.4
	煤	kg					
备注							
编号			1093	1094	1095	1096	1097

续表

风镐（铲）	潜孔钻						
	型号						
手持式	80型	100型	150型	200型	OZJ-100B	CM-200	CM-351
0.48	15.11	16.84	31.33	47.50	6.56	28.50	57.86
1.68	22.67	25.26	47.00	71.25	10.10	51.29	104.14
	0.46	0.57	1.05	1.60	0.22	0.96	1.95
2.16	38.24	42.67	79.38	120.35	16.88	80.75	163.95
	1.3	1.3	1.3	1.3	1.3	1.3	1.3
	25.7	28.0	29.7	31.1			
74.5	372.6	403.7	683.1	720.4	558.9	1055.7	1117.8
1098	1099	1100	1101	1102	1103	1104	1105

项目		单位	液压履带钻机				电钻
			孔径（mm）				功率(kW)
			64～102	64～127	102～165	105～180	1.5
(一)	折旧费	元	95.00	109.25	180.50	220.16	0.38
	修理及替换设备费	元	50.14	57.66	95.26	116.20	0.57
	安装拆卸费	元	1.17	1.42	2.23	2.71	
	小计	元	146.31	168.33	277.99	339.07	0.95
(二)	人工	工时	2.4	2.4	2.4	2.4	
	汽油	kg					
	柴油	kg	5.5	6.1	7.7	9.2	
	电	kW·h					1.3
	风	m^3	155.3	279.5	322.9	372.6	
	水	m^3					
	煤	kg					
备注							
编号			1106	1107	1108	1109	1110

续表

凿岩台车					爬罐	液压平台车	装岩机
							抓斗式
风动		液压			电动		斗容(m^3)
三臂	四臂	二臂	三臂	四臂	STH-5E		0.4
158.33	180.95	203.57	337.25	361.90	138.18	23.26	17.70
87.71	105.55	112.78	186.84	211.00	108.09	20.54	18.58
2.06	2.70	2.90	4.38	5.18	2.25		1.15
248.10	289.20	319.25	528.47	578.08	248.52	43.80	37.43
7.3	8.6	6.3	7.3	8.6	5.7	2.7	2.4
7.2	9.6	3.2	7.2	9.6		16.0	
5.1	5.1	77.8	111.7	145.3	6.7		
2297.7	3042.9				298.1		1055.7
5.1	6.8	3.5	5.1	6.8	3.2		
1111	1112	1113	1114	1115	1116	1117	1118

项目		单位	装岩机				
			耙斗式	风动		电动	
			斗容（m^3）				
			0.6	0.12	0.26	0.2	0.6
（一）	折旧费	元	6.84	2.14	3.61	4.13	7.06
	修理及替换设备费	元	9.58	4.29	5.42	6.13	9.88
	安装拆卸费	元	0.44	0.16	0.27	0.24	0.39
	小计	元	16.86	6.59	9.30	10.50	17.33
（二）	人工	工时	2.4	1.3	2.4	2.4	2.4
	汽油	kg					
	柴油	kg					
	电	kW·h	21.7			14.0	24.7
	风	m^3		218.0	714.2		
	水	m^3					
	煤	kg					
备注							
编号			1119	1120	1121	1122	1123

续表

装岩机		扒渣机			
电动	长绳悬吊抓斗	立爪式			蟹爪式
斗容（m^3）		生产率（m^3/h）			功率(kW)
0.75	0.6	100	120	150	55
11.60	12.28	39.00	42.67	46.33	43.64
15.66	12.90	15.92	17.42	18.92	30.55
0.61	0.80	0.49	0.53	0.58	4.22
27.87	25.98	55.41	60.62	65.83	78.41
2.4	2.4	2.4	2.4	2.4	2.4
33.4	25 96	18.1	22.0	30.8	39.8
		LZ-100	LZ-120c	LBZ-150	
1124	1125	1126	1127	1128	1129

项目		单位	锚杆台车	锚杆钻机	水枪	缺口耙
			435H	MZ65Q	陕西 20 型	
(一)	折旧费	元	261.25	6.05	0.63	0.58
	修理及替换设备费	元	129.06	9.08	1.52	1.71
	安装拆卸费	元	2.61	0.30		
	小计	元	392.92	15.43	2.15	2.29
(二)	人工	工时	5.0	1.3	1.0	
	汽油	kg				
	柴油	kg	3.0			
	电	kW·h	80.0			
	风	m^3		435		
	水	m^3				
	煤	kg				
备注						
编号			1130	1131	1132	1133

续表

单齿松土器	犁		吊斗（桶）	
			斗容（m^3）	
	三铧	五铧	0.2～0.6	2.0
4.75	0.51	0.68	0.41	0.88
13.30	1.36	1.79	0.81	1.32
18.05	1.87	2.47	1.22	2.20
1134	1135	1136	1137	1138

二、混凝土机械

项目		单位	混凝土搅拌机				强制式混凝土搅拌机
			出料（m^3）				
			0.25	0.4	0.8	1.0	0.25
（一）	折旧费	元	1.30	3.29	4.39	9.18	2.85
	修理及替换设备费	元	2.25	5.34	6.30	9.03	4.43
	安装拆卸费	元	0.45	1.07	1.35	2.25	1.12
	小计	元	4.00	9.70	12.04	20.46	8.40
（二）	人工	工时	1.3	1.3	1.3	1.3	1.3
	汽油	kg					
	柴油	kg					
	电	kW·h	4.3	8.6	18.0	24.7	10.1
	风	m^3					
	水	m^3					
	煤	kg					
备注							
编号			2001	2002	2003	2004	2005

强制式混凝土搅拌机				混凝土搅拌站		混凝土搅拌楼	
						装机(台数×出料)(m^3)	
出料(m^3)				整体移动式	强制式		
0.35	0.5	0.75	1.0	HZ-25	$60m^3/h$	1×2.0	2×1.0
3.99	6.08	9.50	12.35	25.38	245.44	87.83	93.27
6.18	9.18	14.13	16.67	19.74	96.18	17.57	25.91
1.55	2.29	3.48	4.38				
11.72	17.55	27.11	33.40	45.12	341.62	105.40	119.18
1.3	1.3	1.3	1.3	5.0	5.0	7.3	7.3
20.8	37.9	42.5	52.0	48.2	86.8	56.2	60.0
				※	※	※	※
2006	2007	2008	2009	2010	2011	2012	2013

项目		单位	混凝土搅拌楼				
			装机(台数×出料)(m^3)				
			2×1.5	2×2.5	2×3.0	3×1.0	3×1.5
(一)	折旧费	元	108.57	179.73	183.30	139.87	158.34
	修理及替换设备费	元	30.17	44.93	50.96	38.86	40.82
	安装拆卸费	元					
	小计	元	138.74	224.66	234.26	178.73	199.16
(二)	人工	工时	7.3	9.7	9.7	9.7	9.7
	汽油	kg					
	柴油	kg					
	电	kW·h	72.3	101.2	120.5	78.8	92.5
	风	m^3					
	水	m^3					
	煤	kg					
备注			※	※	※	※	※
编号			2014	2015	2016	2017	2018

续表

混凝土搅拌楼						强制式混凝土搅拌楼	
装机(台数×出料)(m^3)					LB-1000	装机(台数×出料)(m^3)	
3×3.0	4×1.5	4×3.0	2×4×1.5	4×6.0		2×4.5	4×4.5
420.00	259.31	720.00	835.00	1128.00	169.20	728.50	1551.00
116.68	72.03	200.02	231.97	297.67	47.04	192.24	409.29
536.68	331.34	920.02	1066.97	1425.67	216.24	920.74	1960.29
9.7	11.7	11.7	16.7	16.7	9.7	7.3	11.7
183.4	123.4	242.1	246.8	300.2	96.4	236.3	400.2
※	※	※	※	※	※	※	※
2019	2020	2021	2022	2023	2024	2025	2026

项目		单位	混凝土搅拌车				
			轮胎式			轨道式	
			混凝土容积（m^3）				
			3.0	6.0	8.0	3.0	6.0
（一）	折旧费	元	27.64	60.45	63.64	7.47	12.27
	修理及替换设备费	元	53.03	116.00	122.12	6.67	10.96
	安装拆卸费	元	3.18	6.95	7.32	0.90	1.47
	小计	元	83.85	183.40	193.08	15.04	24.70
（二）	人工	工时	1.3	1.3	1.3	1.3	1.3
	汽油	kg					
	柴油	kg	10.1	12.2	14.8	2.5	3.4
	电	kW·h					
	风	m^3					
	水	m^3					
	煤	kg					
备注							
编号			2027	2028	2029	2030	2031

续表

混凝土输送泵		混凝土泵车		真　空　泵		
输　出　量　(m^3/h)		排 出 量　(m^3/h)		功　率　(kW)		
30	60	47	80	4.5	7.0	22
30.48	42.67	171.00	211.11	0.95	1.51	2.79
20.63	28.88	56.43	63.33	2.29	3.09	5.00
2.10	2.94	5.34	5.81	0.15	0.24	0.47
53.21	74.49	232.77	280.25	3.39	4.84	8.26
2.4	2.4	3.4	3.4	1.3	1.3	1.3
		9.0	13.0			
26.7	50.0			3.4	5.3	16.6
2032	2033	2034	2035	2036	2037	2038

项目		单位	喷混凝土三联机	水泥枪	混凝土喷射机		皮带浇筑机
			油动	生产率 (m^3/h)			生产率 (m^3/min)
			40kW	1.2	4～5	6～10	4.5
(一)	折旧费	元	221.67	0.86	2.79	3.06	190.00
	修理及替换设备费	元	63.18	2.39	2.34	2.71	48.17
	安装拆卸费	元	5.54	0.16	0.18	0.21	4.23
	小计	元	290.39	3.41	5.31	5.98	242.40
(二)	人工	工时	3.4	1.3	2.4	2.4	2.7
	汽油	kg					
	柴油	kg	7.0				
	电	kW·h		1.0	2.7	7.7	62.3
	风	m^3	438.4	167.1	526.6	745.2	
	水	m^3					
	煤	kg					
备注							
编号			2039	2040	2041	2042	2043

续表

胎带机	塔带机	喷浆机	振动器				
ROTEC CC200-24	TC/TB2400		插入式				平板式
生产率(m^3/h)			功率（kW）				
400	400	75L	1.1	1.5	2.2	4.0	2.2
990.26	3362.93	2.28	0.32	0.51	0.54	0.60	0.43
617.15	1623.97	7.30	1.22	1.80	1.86	1.98	1.24
		0.34					
1607.41	4986.90	9.92	1.54	2.31	2.40	2.58	1.67
3.9	2.7	1.3					
133.4	200.2	2.0	0.8	1.1	1.7	3.0	1.7
		111.8					
※	※						
2044	2045	2046	2047	2048	2049	2050	2051

项目		单位	变频机组	四联振捣器	混凝土平仓振捣机	混凝土平仓机(挖掘臂式)	混凝土振动碾
			容量(kVA)				
			8.5	EX-60	40kW	油动 74kW	YZSIA
(一)	折旧费	元	3.48	25.94	68.97	39.58	4.02
	修理及替换设备费	元	7.96	38.18	48.00	56.20	3.20
	安装拆卸费	元		1.50		2.20	
	小计	元	11.44	65.62	116.97	97.98	7.22
(二)	人工	工时		2.1	1.3	1.3	1.3
	汽油	kg					
	柴油	kg		4.8	7.6	9.8	1.3
	电	kW·h	6.4				
	风	m^3					
	水	m^3					
	煤	kg					
备注							
编号			2052	2053	2054	2055	2056

续表

混凝土振动碾					压力水冲洗机	高压冲毛机	五刷头刷毛机	切缝机
BW-75	BW90AD	BW120 AD-3	BW-200	BW-202 AD	PS-6.3	GCHJ50	PU-100	EX-100
7.76	24.70	30.40	66.50	93.10	0.59	6.89	43.76	35.27
4.05	9.88	12.16	34.71	48.41	0.89	10.33	32.71	23.93
					0.12	1.03	2.68	1.64
11.81	34.58	42.56	101.21	141.51	1.60	18.25	79.15	60.84
1.3	1.3	1.3	1.3	1.3	1.3	1.3	1.3	1.3
1.8	2.3	3.7	7.0	9.4			13.5	9.1
					8.3	25.0		
2057	2058	2059	2060	2061	2062	2063	2064	2065

项目		单位	保温罐	沥青混凝土专用设备			
			容积(m^3)	滚动烘干机	强制搅拌机组	搅拌机出料(m^3)	摊铺机
			1.5	Φ1200×L5000	WH30	0.15	TX150
(一)	折旧费	元	0.79	15.19	66.28	3.61	6.11
	修理及替换设备费	元	0.63	6.23	26.83	1.55	2.25
	安装拆卸费	元	0.24	1.55	6.39	0.38	0.67
	小计	元	1.66	22.97	99.50	5.54	9.03
(二)	人工	工时		1.3	6.3	1.3	1.3
	汽油	kg					
	柴油	kg			138.8		3.0
	电	kW·h		27.7	93.7	6.6	
	风	m^3					
	水	m^3					
	煤	kg					
备注							
编号			2066	2067	2068	2069	2070

续表

沥青混凝土专用设备				混凝土罐					风(砂)水枪
摊铺机			振动碾(t)	容积(m^3)					耗风量(m^3/min)
LT6B	GTLY750	DF130C	1.5	1.0	2.0	3.0	6.0	9.0	6.0
26.52	74.58	299.25	3.00	0.61	1.05	6.31	9.20	11.69	0.24
9.61	22.37	59.85	1.88	1.92	2.17	5.84	10.58	12.99	0.42
2.32	3.73	8.98							
38.45	100.68	368.08	4.88	2.53	3.22	12.15	19.78	24.68	0.66
1.3	1.3	1.3	1.3						
6.2	15.0	23.3							
			14.0						
									202.5
									4.1
2071	2072	2073	2074	2075	2076	2077	2078	2079	2080

项目		单位	水泥拆包机	喂料小车	螺旋空气输送机	水泥真空卸料机	双仓泵
					生产率 (t/h)		
					65	20～30	60
(一)	折旧费	元	14.88	4.56	3.20	5.48	4.15
	修理及替换设备费	元	23.97	4.10	3.12	5.72	7.18
	安装拆卸费	元		1.37	0.45	0.75	1.12
	小计	元	38.85	10.03	6.77	11.95	12.45
(二)	人工	工时	2.4		1.3	3.4	1.3
	汽油	kg					
	柴油	kg					
	电	kW·h	8.6		68.7	42.4	103.0
	风	m^3			1620.2		1456.0
	水	m^3					
	煤	kg					
备注							
编号			2081	2082	2083	2084	2085

续表

针梁模板台车					钢模台车		
衬砌后洞径（m）					衬砌后断面面积（m^2）		
4	6	8	10	12	10	20	40
102.17	170.37	247.79	335.56	433.63	62.95	95.72	148.92
21.46	35.77	52.04	70.46	91.06	13.22	21.10	31.27
123.63	206.14	299.83	406.02	524.69	76.17	116.82	180.19
7.0	7.0	7.0	7.0	7.0	7.0	7.0	7.0
7.6	9.9	12.0	14.1	16.1	6.3	7.9	10.0
含动力设备※							
2086	2087	2088	2089	2090	2091	2092	2093

项目		单位	钢模台车				滑模台车
							溢流面
			衬砌后断面面积（m^2）				分缝宽度（m）
			70	110	150	200	8.0
（一）	折旧费	元	216.65	297.16	371.79	460.06	83.78
	修理及替换设备费	元	45.50	62.40	78.08	96.61	12.57
	安装拆卸费	元					
	小计	元	262.15	359.56	449.87	556.67	96.35
（二）	人工	工时	7.0	7.0	7.0	7.0	2.5
	汽油	kg					
	柴油	kg					
	电	kW·h	12.0	14.1	15.8	17.5	16.0
	风	m^3					
	水	m^3					
	煤	kg					
备注			含动力设备※				
编号			2094	2095	2096	2097	2098

滑模台车								
溢流面	混凝土面板		竖井					
分缝宽度（m）			衬砌后直径（m）					
12	8.0	12	5.0	7.0	10	13	15	18
125.67	54.21	81.32	88.50	156.47	260.21	378.86	459.05	587.18
18.95	16.26	24.39	13.28	23.47	39.03	56.80	68.85	88.08
144.62	70.47	105.71	101.78	179.94	299.24	435.66	527.90	675.26
2.5	2.5	2.5	7.0	7.0	7.0	7.0	7.0	7.0
19.0	15.0	17.0	16.0	22.4	32.0	41.6	48.0	57.6
含动力设备※								
2099	2100	2101	2102	2103	2104	2105	2106	2107

三、运输机械

项目		单位	载重汽车				
			载重量（t）				
			2.0	2.5	4.0	5.0	6.5
（一）	折旧费	元	4.85	5.12	7.04	7.77	10.97
	修理及替换设备费	元	6.77	7.15	9.84	10.86	12.01
	安装拆卸费	元					
	小计	元	11.62	12.27	16.88	18.63	22.98
（二）	人工	工时	1.3	1.3	1.3	1.3	1.3
	汽油	kg	4.2	4.2	7.2	7.2	
	柴油	kg					7.2
	电	kW·h					
	风	m^3					
	水	m^3					
	煤	kg					
备注							
编号			3001	3002	3003	3004	3005

载 重 汽 车					自 卸 汽 车			
载 重 量 (t)								
8.0	10	12	15	18	3.5	5.0	8.0	8.0(保温)
16.72	20.95	24.00	31.10	38.48	7.91	10.73	22.59	23.72
17.50	20.82	23.86	30.92	38.25	3.95	5.37	13.55	14.23
34.22	41.77	47.86	62.02	76.73	11.86	16.10	36.14	37.95
1.3	1.3	1.3	1.3	1.3	1.3	1.3	1.3	1.3
					7.7			
8.0	8.9	8.9	10.9	12.1		9.1	10.2	10.2
3006	3007	3008	3009	3010	3011	3012	3013	3014

项目		单位	自卸汽车				
			载重量（t）				
			10	12	15	18	20
（一）	折旧费	元	30.49	34.13	42.67	48.00	50.53
	修理及替换设备费	元	18.30	23.89	29.87	31.20	32.84
	安装拆卸费	元					
	小计	元	48.79	58.02	72.54	79.20	83.37
（二）	人工	工时	1.3	1.3	1.3	1.3	1.3
	汽油	kg					
	柴油	kg	10.8	12.4	13.1	14.9	16.2
	电	kW·h					
	风	m^3					
	水	m^3					
	煤	kg					
备注							
编号			3015	3016	3017	3018	3019

续表

自卸汽车							
载重量（t）							
25	27	32	45	50	65	77	108
85.89	103.88	166.74	221.76	279.27	336.00	380.80	520.00
42.95	51.94	66.70	77.62	97.75	117.60	133.28	156.00
128.84	155.82	233.44	299.38	377.02	453.60	514.08	676.00
1.3	1.3	1.3	1.3	1.3	1.3	1.3	1.3
20.8	21.8	25.5	37.0	45.7	59.4	71.4	88.1
3020	3021	3022	3023	3024	3025	3026	3027

项目		单位	公路底卸车		平板挂车		
			载重量（t）				
			70	100	10	20	30
（一）	折旧费	元	393.60	556.80	5.50	7.93	11.94
	修理及替换设备费	元	106.17	150.20	4.75	6.85	7.93
	安装拆卸费	元					
	小计	元	499.77	707.00	10.25	14.78	19.87
（二）	人工	工时	1.3	1.3			
	汽油	kg					
	柴油	kg	58.0	83.1			
	电	kW·h					
	风	m^3					
	水	m^3					
	煤	kg					
备注							
编号			3028	3029	3030	3031	3032

续表

平板挂车						汽车拖车头	
载重量（t）						牵引量（t）	
40	60	80	100	120	200	10	20
19.20	29.60	48.00	58.89	76.00	100.00	10.91	21.38
13.31	20.52	31.62	38.79	49.40	65.00	11.44	14.11
32.51	50.12	79.62	97.68	125.40	165.00	22.35	35.49
						1.3	1.3
						7.1	
							8.3
3033	3034	3035	3036	3037	3038	3039	3040

项目		单位	汽车拖车头 牵引量（t） 30	40	60	80	100
（一）	折旧费	元	30.55	40.32	82.92	106.02	125.22
	修理及替换设备费	元	19.15	24.35	52.35	60.49	71.44
	安装拆卸费	元					
	小计	元	49.70	64.67	135.27	166.51	196.66
（二）	人工	工时	2.7	2.7	2.7	2.7	2.7
	汽油	kg					
	柴油	kg	10.2	10.9	14.8	17.0	18.2
	电	kW·h					
	风	m^3					
	水	m^3					
	煤	kg					
备注							
编号			3041	3042	3043	3044	3045

续表

汽车拖车头		汽车挂车				洒水车	
牵引量（t）		载重量（t）				容量（m^3）	
120	200	1.5	3.0	5.0	8.0	2.5	4.0
162.78	220.15	0.67	0.96	1.71	2.45	6.44	11.29
92.87	125.70	1.34	1.77	3.24	3.79	7.66	12.48
255.65	345.85	2.01	2.73	4.95	6.24	14.10	23.77
2.7	2.7					1.3	1.3
						5.0	6.8
19.9	21.6						
3046	3047	3048	3049	3050	3051	3052	3053

项目		单位	洒水车		加油车	油罐汽车	
			容量（m^3）				
			4.8	8.0	8.0	4.0	4.8
（一）	折旧费	元	11.86	15.89	28.80	12.00	13.44
	修理及替换设备费	元	14.11	21.93	31.26	9.37	10.50
	安装拆卸费	元					
	小计	元	25.97	37.82	60.06	21.37	23.94
（二）	人工	工时	1.3	1.3	1.3	1.3	1.3
	汽油	kg	8.0			6.8	7.2
	柴油	kg		8.8	9.6		
	电	kW·h					
	风	m^3					
	水	m^3					
	煤	kg					
备注							
编号			3054	3055	3056	3057	3058

续表

油罐汽车				沥青洒布车	散装水泥车		
容量（m^3）					载重量（t）		
7.0	8.0	10	15～18	3.5	3.5	7.0	10
17.76	20.95	26.18	56.35	13.44	11.12	14.35	23.56
13.87	19.89	23.68	63.94	15.53	9.81	14.33	22.98
31.63	40.84	49.86	120.29	28.97	20.93	28.68	46.54
1.3	1.3	1.3	2.4	1.3	1.3	1.3	1.3
				6.1	5.9		
9.0	10.0	11.0	16.9			8.0	10.1
3059	3060	3061	3062	3063	3064	3065	3066

项目		单位	散装水泥车			工程修理车	高空作业车
			载重量（t）				液压
			13	18	20	解放型	YZ12-A
（一）	折旧费	元	36.65	44.87	76.80	18.46	22.02
	修理及替换设备费	元	35.84	42.77	85.61	41.48	32.36
	安装拆卸费	元					
	小计	元	72.49	87.64	162.41	59.94	54.38
（二）	人工	工时	1.3	1.3	1.3	1.3	1.3
	汽油	kg				4.0	
	柴油	kg	10.9	16.0	16.2		9.0
	电	kW·h					
	风	m^3		49.7	55.9		
	水	m^3					
	煤	kg					
备注							
编号			3067	3068	3069	3070	3071

续表

客货两用车	三轮卡车	胶轮车	机动翻斗车	电瓶搬运车	内燃机车		
					轨距 610		
			载重量(t)		功率 (kW)		
130 型			1.0		15	29	59
7.47	0.79	0.26	1.22	0.96	9.61	10.63	10.97
8.51	1.28	0.64	1.22	0.98	7.35	7.72	7.97
15.98	2.07	0.90	2.44	1.94	16.96	18.35	18.94
1.3	1.3		1.3	1.3	2.4	2.4	2.4
4.0	2.0						
			1.5		2.1	4.0	4.6
				4.0			
3072	3073	3074	3075	3076	3077	3078	3079

项目		单位	内燃机车				
			轨距610	轨距 762			
			功率（kW）				
			88	29	44	59	88
（一）	折旧费	元	11.66	12.82	13.03	17.14	20.57
	修理及替换设备费	元	8.47	9.31	9.96	13.11	15.73
	安装拆卸费	元					
	小计	元	20.13	22.13	22.99	30.25	36.30
（二）	人工	工时	2.4	2.4	2.4	2.4	2.4
	汽油	kg					
	柴油	kg	6.8	4.0	4.0	5.2	7.7
	电	kW·h					
	风	m^3					
	水	m^3					
	煤	kg					
备注							
编号			3080	3081	3082	3083	3084

续表

内燃机车							
轨距 762		轨距 900				轨距 1000	
功率（kW）							
176	279	59	88	176	279	59	74
25.37	30.86	20.57	23.66	31.20	32.91	20.97	21.94
18.43	23.60	15.73	18.09	29.83	30.21	15.93	16.78
43.80	54.46	36.30	41.75	61.03	63.12	36.90	38.72
2.4	2.4	2.4	2.4	2.4	2.4	2.4	2.4
15.5	24.6	5.2	7.7	15.5	24.6	5.6	6.5
3085	3086	3087	3088	3089	3090	3091	3092

项目		单位	内燃机车				
			轨距1000	准轨			
			功率（kW）				
			88	59	88	118	132
（一）	折旧费	元	27.24	27.43	29.83	31.89	33.26
	修理及替换设备费	元	19.79	23.89	25.98	26.62	28.97
	安装拆卸费	元					
	小计	元	47.03	51.32	55.81	58.51	62.23
（二）	人工	工时	2.4	2.4	2.4	2.4	2.4
	汽油	kg					
	柴油	kg	7.7	5.2	7.7	10.4	11.6
	电	kW·h					
	风	m^3					
	水	m^3					
	煤	kg					
备注							
编号			3093	3094	3095	3096	3097

续表

内燃机车					电瓶机车		平车
准轨							窄轨
功率（kW）					重量（t）		载重量(t)
176	279	919	2426	2646	5.0	8.0	2.0
34.29	35.31	106.29	164.57	174.86	5.14	7.54	0.93
29.87	30.76	70.68	103.68	110.16	4.11	5.08	0.32
64.16	66.07	176.97	268.25	285.02	9.25	12.62	1.25
2.4	2.4	3.4	3.4	3.4	1.3	1.3	
15.5	24.6	80.9	213.5	232.8			
					5.4	7.9	
3098	3099	3100	3101	3102	3103	3104	3105

项目		单位	平车				
			窄轨			准轨	
			载重量（t）				
			5.0	10	20	30	40
（一）	折旧费	元	1.34	1.82	2.23	6.62	6.95
	修理及替换设备费	元	0.47	0.64	0.78	2.21	2.32
	安装拆卸费	元					
	小计	元	1.81	2.46	3.01	8.83	9.27
（二）	人工	工时					
	汽油	kg					
	柴油	kg					
	电	kW·h					
	风	m^3					
	水	m^3					
	煤	kg					
备注							
编号			3106	3107	3108	3109	3110

续表

平车			敞车				棚车
准轨							
载重量(t)							
50	60	65	30	40	50	60	30
7.28 2.43 9.71	8.61 2.87 11.48	8.94 2.98 11.92	7.94 2.65 10.59	8.27 2.76 11.03	9.01 3.00 12.01	11.25 3.75 15.00	8.47 2.82 11.29
3111	3112	3113	3114	3115	3116	3117	3118

项目		单位	棚车			矿车	V型斗车
			准轨			窄轨	
			载重量（t）			容积（m^3）	
			40	50	60	3.5	0.6
(一)	折旧费	元	9.26	11.23	11.78	1.61	0.43
	修理及替换设备费	元	3.09	3.74	3.93	0.56	0.11
	安装拆卸费	元					
	小计	元	12.35	14.97	15.71	2.17	0.54
(二)	人工	工时					
	汽油	kg					
	柴油	kg					
	电	kW·h					
	风	m^3					
	水	m^3					
	煤	kg					
备注							
编号			3119	3120	3121	3122	3123

续表

V型斗车	自卸矿车		侧倾式矿车		底开车		散装水泥车
窄轨	准　　轨						
容积(m^3)	载　重　量　(t)						
1.0	50	60	40	60	40	60	60
0.68	12.70	20.41	8.53	9.60	12.34	14.40	19.29
0.18	3.70	5.95	2.28	2.70	4.86	5.67	4.77
0.86	16.40	26.36	10.81	12.30	17.20	20.07	24.06
3124	3125	3126	3127	3128	3129	3130	3131

项目		单位	油罐车	守车	轨道车	移道车	矿用机车
			准轨				轨距 762
			载重量(t)	重量(t)	QD-160	70kW	载重量(t)
			50	16			2.0
(一)	折旧费	元	10.31	9.24	16.11	12.69	4.96
	修理及替换设备费	元	3.92	4.69	8.83	7.22	3.34
	安装拆卸费	元					
	小计	元	14.23	13.93	24.94	19.91	8.30
(二)	人工	工时			3.4	2.4	1.3
	汽油	kg					
	柴油	kg			6.0	7.2	
	电	kW·h					3.3
	风	m^3					
	水	m^3					
	煤	kg					
备注							
编号			3132	3133	3134	3135	3136

续表

矿用机车		梭式矿车	螺旋输送机				
轨距 762		窄轨	螺旋（直径×长度）(mm×m)				
载重量（t）		容积(m^3)					
5.0	8.0	8.0	168×5	200×15	200×30	200×40	250×15
9.60	15.29	11.55	0.43	1.08	3.07	3.45	1.58
6.46	10.29	6.93	0.65	2.65	5.36	5.54	3.97
		2.31	0.03	0.10	0.21	0.22	0.15
16.06	25.58	20.79	1.11	3.83	8.64	9.21	5.70
1.3	1.3	1.3	0.7	0.7	0.7	0.7	0.7
		2.6					
5.4	10.8		1.1	2.1	3.9	7.0	2.1
3137	3138	3139	3140	3141	3142	3143	3144

项目		单位	螺旋输送机				
			螺旋（直径×长度）（mm×m）				
			250×30	250×40	300×15	300×30	300×40
（一）	折旧费	元	3.48	4.24	1.65	3.86	4.62
	修理及替换设备费	元	6.55	7.52	4.11	7.29	8.21
	安装拆卸费	元	0.26	0.30	0.16	0.31	0.41
	小计	元	10.29	12.06	5.92	11.46	13.24
（二）	人工	工时	0.7	0.7	0.7	0.7	0.7
	汽油	kg					
	柴油	kg					
	电	kW·h	5.3	7.0	7.0	9.1	11.9
	风	m^3					
	水	m^3					
	煤	kg					
备注							
编号			3145	3146	3147	3148	3149

续表

螺旋输送机							
螺旋（直径×长度）（mm×m）							
400×15	400×30	400×40	500×15	500×30	500×40	600×15	600×30
1.84	4.12	4.91	2.03	4.62	5.19	2.34	4.81
4.61	9.42	10.75	4.88	10.16	11.03	5.35	10.23
0.19	0.42	0.49	0.21	0.47	0.52	0.23	0.48
6.64	13.96	16.15	7.12	15.25	16.74	7.92	15.52
0.7	0.7	0.7	0.7	0.7	0.7	0.7	0.7
7.0	11.9	18.2	9.1	15.4	21.0	11.9	17.9
3150	3151	3152	3153	3154	3155	3156	3157

项目		单位	螺旋输送机	斗式提升机			
			螺旋（直径×长度）(mm×m)	型号(斗宽×提升高度) (mm×m)			
			600×40	D160×11.4	D250×21.6	D250×30	D350×21.7
(一)	折旧费	元	5.64	1.15	1.80	2.10	2.59
	修理及替换设备费	元	11.63	2.60	3.22	3.59	4.46
	安装拆卸费	元	0.53	0.39	0.57	0.65	0.80
	小计	元	17.80	4.14	5.59	6.34	7.85
(二)	人工	工时	0.7	1.3	1.3	1.3	1.3
	汽油	kg					
	柴油	kg					
	电	kW·h	25.9	1.7	4.3	6.0	8.0
	风	m^3					
	水	m^3					
	煤	kg					
备注							
编号			3158	3159	3160	3161	3162

续表

斗式提升机		胶带输送机					
型号(斗宽×提升高度)(mm×m)		移动式			固定式		
D450 ×23.7	HL300 ×27.6	带宽×带长 (mm×m)					
		500×10	500×15	500×20	500×30	500×50	500×75
3.28	2.39	1.87	2.31	2.67	2.91	3.14	4.53
4.83	4.58	2.22	2.72	3.15	3.52	4.67	6.96
0.92	0.79	0.23	0.28	0.32	0.35	0.48	0.71
9.03	7.76	4.32	5.31	6.14	6.78	8.29	12.20
1.3	1.3	0.7	0.7	0.7	0.7	1.0	1.0
8.3	8.3	3.1	3.5	4.3	4.8	5.5	12.8
3163	3164	3165	3166	3167	3168	3169	3170

项目		单位	胶带输送机				
			固定式				
			带宽×带长 (mm×m)				
			650×30	650×50	650×75	650×100	650×125
(一)	折旧费	元	3.08	5.04	7.14	9.18	11.08
	修理及替换设备费	元	3.62	5.94	8.69	11.18	13.49
	安装拆卸费	元	0.37	0.61	0.89	1.15	1.39
	小计	元	7.07	11.59	16.72	21.51	25.96
(二)	人工	工时	0.7	1.0	1.0	1.3	1.3
	汽油	kg					
	柴油	kg					
	电	kW·h	10.9	14.0	21.0	27.0	30.0
	风	m^3					
	水	m^3					
	煤	kg					
备注							
编号			3171	3172	3173	3174	3175

续表

胶带输送机							
固定式							
带宽×带长 (mm×m)							
800×30	800×50	800×75	800×100	800×125	800×150	800×200	800×250
5.85	7.57	8.23	11.23	13.39	16.01	22.86	25.80
6.88	8.91	10.02	15.33	18.29	21.87	29.68	35.26
0.70	0.91	1.03	1.65	1.97	2.34	3.05	3.96
13.43	17.39	19.28	28.21	33.65	40.22	55.59	65.02
0.7	1.0	1.0	1.3	1.3	1.3	1.3	1.3
12.0	22.5	27.0	32.0	33.2	37.1	51.1	70.1
3176	3177	3178	3179	3180	3181	3182	3183

项目		单位	胶带输送机				
			固定式				
			带宽×带长 (mm×m)				
			800×300	1000×50	1000×75	1000×100	1000×125
(一)	折旧费	元	29.39	9.01	10.45	13.18	14.84
	修理及替换设备费	元	40.17	10.59	12.72	17.11	20.29
	安装拆卸费	元	4.31	1.09	1.31	1.76	2.18
	小计	元	73.87	20.69	24.48	32.05	37.31
(二)	人工	工时	1.3	1.0	1.0	1.3	1.3
	汽油	kg					
	柴油	kg					
	电	kW·h	93.1	26.3	28.1	35.0	36.9
	风	m^3					
	水	m^3					
	煤	kg					
备注							
编号			3184	3185	3186	3187	3188

续表

胶带输送机							
固定式							
带宽×带长 (mm×m)							
1000×150	1000×200	1000×250	1000×300	1200×50	1200×75	1200×100	1200×125
17.52	24.64	29.39	36.22	10.09	13.94	16.01	19.27
23.94	31.99	40.17	47.02	11.88	16.96	20.78	25.01
2.57	3.29	4.31	4.83	1.22	1.74	2.13	2.57
44.03	59.92	73.87	88.07	23.19	32.64	38.92	46.85
1.3	1.3	1.3	1.3	1.0	1.0	1.3	1.3
50.9	70.0	92.9	102.7	29.2	49.0	50.9	69.1
3189	3190	3191	3192	3193	3194	3195	3196

项目		单位	胶带输送机				
			固定式				
			带宽×带长 (mm×m)				
			1200×150	1200×200	1200×250	1200×300	1400×50
(一)	折旧费	元	26.62	30.37	35.92	42.75	11.53
	修理及替换设备费	元	34.57	41.50	46.64	55.50	13.56
	安装拆卸费	元	3.55	4.46	4.79	5.70	1.40
	小计	元	64.74	76.33	87.35	103.95	26.49
(二)	人工	工时	1.3	1.3	1.3	1.3	1.0
	汽油	kg					
	柴油	kg					
	电	kW·h	72.4	106.0	119.1	142.4	36.9
	风	m^3					
	水	m^3					
	煤	kg					
备注							
编号			3197	3198	3199	3200	3201

续表

胶带输送机					
固定式					
带宽×带长 (mm×m)					
1400×75	1400×100	1400×150	1400×200	1400×250	1400×300
16.37	18.94	28.17	36.00	45.40	51.06
19.93	24.59	36.58	49.20	58.94	69.78
2.05	2.53	3.76	5.28	6.05	7.49
38.35	46.06	68.51	90.48	110.39	128.33
1.0	1.3	1.3	1.3	1.3	1.3
50.9	69.1	106.0	119.1	142.4	169.0
3202	3203	3204	3205	3206	3207

四、起重机械

项目		单位	缆索起重机				
			平移式				
			起重量×跨距 (t×m)				
			10×460	20×500	20×600	20×650	20×700
(一)	折旧费	元	271.03	460.75	498.75	546.25	570.00
	修理及替换设备费	元	38.62	65.66	68.44	74.96	78.22
	安装拆卸费	元					
	小计	元	309.65	526.41	567.19	621.21	648.22
(二)	人工	工时	10.2	10.2	10.2	10.2	10.2
	汽油	kg					
	柴油	kg					
	电	kW·h	273.9	376.7	376.7	376.7	376.7
	风	m^3					
	水	m^3					
	煤	kg					
备注			※	※	※	※	※
编号			4001	4002	4003	4004	4005

缆 索 起 重 机							
平 移 式			辐 射 式				
起重量×跨距 (t×m)							
20×870	20×1000	30×1073	20×235	20×410	20×500	20×600	20×700
641.25	674.50	1306.25	370.50	403.75	451.25	475.00	522.50
87.99	92.56	179.25	58.66	63.93	71.44	75.21	82.73
729.24	767.06	1485.50	429.16	467.68	522.69	550.21	605.23
10.2	10.2	10.2	10.2	10.2	10.2	10.2	10.2
376.7	376.7	503.9	346.9	346.9	346.9	346.9	346.9
※	※	※	※	※	※	※	※
4006	4007	4008	4009	4010	4011	4012	4013

项　　目		单位	缆索起重机 辐射式	简易缆索起重机		
			起重量×跨距　(t×m)			
			20×892	20×200	20×300	20×400
(一)	折旧费	元	627.00	107.30	125.15	157.56
	修理及替换设备费	元	99.28	16.05	18.38	23.63
	安装拆卸费	元				
	小　计	元	726.28	123.35	143.53	181.19
(二)	人　工	工时	10.2	7.7	7.7	7.7
	汽　油	kg				
	柴　油	kg				
	电	kW·h	346.9	47.6	47.6	47.6
	风	m^3				
	水	m^3				
	煤	kg				
备　注			※	※	※	※
编　号			4014	4015	4016	4017

续表

简易缆索起重机					摆塔式缆机	门座式起重机	
						MQ 540/30型	10/30t 高架
起重量×跨距 (t×m)						起重量 (t)	
20×500	40×200	40×300	40×400	40×500	30×1400	10～30	10～30
173.80	195.05	233.63	270.69	303.91	1900.00	67.93	102.67
26.07	29.26	35.04	40.60	45.59	741.00	26.44	33.87
199.87	224.31	268.67	311.29	349.50	2641.00	94.37	136.54
7.7	7.7	7.7	7.7	7.7	10.2	3.9	3.9
47.6	47.6	47.6	47.6	47.6	550.0	90.8	90.8
※	※	※	※	※	※	※	※
4018	4019	4020	4021	4022	4023	4024	4025

项　目		单位	门座式起重机 SDMQ 1260/60	塔式起重机			
			起重量（t）				
			20～60	2.0	6.0	8.0	10
（一）	折旧费	元	224.94	8.94	24.94	36.66	41.37
	修理及替换设备费	元	59.35	3.12	9.17	12.81	16.89
	安装拆卸费	元		0.75	2.29	3.06	3.10
	小　计	元	284.29	12.81	36.40	52.53	61.36
（二）	人　工	工时	3.9	2.4	2.4	2.7	2.7
	汽　油	kg					
	柴　油	kg					
	电	kW·h	160.2	11.3	21.1	27.2	36.7
	风	m^3					
	水	m^3					
	煤	kg					
备　注			※				
编　号			4026	4027	4028	4029	4030

续表

塔式起重机			龙门式起重机				
起重量（t）		SDTQ 1800/60型	起重量（t）				
15	25		5.0	10	15	20	30
52.25	70.30	238.65	12.72	20.42	28.28	30.90	48.38
19.81	26.66	64.63	4.68	5.96	8.05	8.80	13.77
3.77			0.71	0.99	1.18	1.29	2.02
75.83	96.96	303.28	18.11	27.37	37.51	40.99	64.17
2.7	2.7	3.9	2.4	2.4	2.4	2.4	2.4
45.4	78.7	164.1	9.5	17.5	20.2	27.2	42.8
	※	※					
4031	4032	4033	4034	4035	4036	4037	4038

项目		单位	龙门式起重机	简易龙门起重机	桥式起重机		
					单梁		
			起重量（t）				
			50	40	1.0	2.0	3.0
（一）	折旧费	元	92.27	17.69	1.54	1.58	2.32
	修理及替换设备费	元	24.99	5.07	1.48	1.58	2.22
	安装拆卸费	元	3.84	1.56	0.17	0.20	0.26
	小计	元	121.10	24.32	3.19	3.36	4.80
（二）	人工	工时	2.4	2.4	1.3	1.3	1.3
	汽油	kg					
	柴油	kg					
	电	kW·h	55.6	15.5	1.9	2.1	2.1
	风	m^3					
	水	m^3					
	煤	kg					
备注							
编号			4039	4040	4041	4042	4043

续表

桥式起重机					
双梁					
起重量（t）					
5.0	10	15/3	20/5	30/5	50/10
8.44	9.76	15.04	24.94	32.30	38.00
3.26	3.78	5.82	9.17	11.87	13.97
0.39	0.45	0.66	1.00	1.29	1.52
12.09	13.99	21.52	35.11	45.46	53.49
1.3	1.3	1.3	1.3	1.3	1.3
8.8	11.5	17.0	17.0	27.6	30.6
4044	4045	4046	4047	4048	4049

项　　目		单位	机电设备安装用桥式起重机			
			单小车			
			起　重　量　(t)			
			10	16	20	32
(一)	折　旧　费	元				
	修理及替换设备费	元	3.78	4.34	5.35	7.04
	安装拆卸费	元				
	小　　计	元	3.78	4.34	5.35	7.04
(二)	人　　工	工时	1.3	1.3	1.3	1.3
	汽　　油	kg				
	柴　　油	kg				
	电	kW·h	11.5	16.0	19.5	23.8
	风	m^3				
	水	m^3				
	煤	kg				
备　　注						
编　　号			4050	4051	4052	4053

续表

机电设备安装用桥式起重机							
单小车							
起　重　量 (t)							
50	80	100	125	160	200	250	300
9.59 9.59	16.65 16.65	19.40 19.40	22.60 22.60	26.79 26.79	29.73 29.73	33.57 33.57	37.40 37.40
1.3 32.4	1.3 35.0	1.3 38.0	1.3 38.0	1.3 45.7	1.3 45.7	1.3 45.7	1.3 51.9
4054	4055	4056	4057	4058	4059	4060	4061

项目		单位	机电设备安装用桥式起重机			
			单小车		双小车	
			起 重 量 (t)			
			400	500	2×63	2×80
(一)	折旧费	元				
	修理及替换设备费	元	41.44	45.63	22.60	26.30
	安装拆卸费	元				
	小计	元	41.44	45.63	22.60	26.30
(二)	人工	工时	1.3	1.3	1.3	1.3
	汽油	kg				
	柴油	kg				
	电	kW·h	62.2	69.2	15.2	20.8
	风	m^3				
	水	m^3				
	煤	kg				
备注						
编号			4062	4063	4064	4065

续表

机电设备安装用桥式起重机						履带起重机	
双小车						油动	
起　　重　　量（t）							
2×100	2×125	2×160	2×200	2×250	2×320	5.0	8.0
						16.23	20.86
29.59	32.88	38.36	41.10	45.31	51.37	9.55	11.53
						0.60	0.66
29.59	32.88	38.36	41.10	45.31	51.37	26.38	33.05
1.3	1.3	1.3	1.3	1.3	1.3	2.4	2.4
							7.9
						7.7	
20.8	20.8	25.6	38.0	51.9	51.9		
4066	4067	4068	4069	4070	4071	4072	4073

项目		单位	履带起重机				
			油动				
			起重量（t）				
			10	15	20	25	30
（一）	折旧费	元	31.79	37.88	45.92	48.69	69.83
	修理及替换设备费	元	18.69	22.29	22.90	23.25	32.99
	安装拆卸费	元	1.18	1.41	1.46	1.55	2.21
	小计	元	51.66	61.58	70.28	73.49	105.03
（二）	人工	工时	2.4	2.4	2.4	2.4	2.4
	汽油	kg					
	柴油	kg	8.3	11.9	12.4	14.9	15.0
	电	kW·h					
	风	m^3					
	水	m^3					
	煤	kg					
备注							
编号			4074	4075	4076	4077	4078

续表

履带起重机						汽车起重机	
油动				电动			
起重量(t)							
40	50	90	100	50	63.4	5.0	6.3
87.78	107.59	320.62	472.26	95.00	108.10	12.92	17.86
41.47	42.90	75.21	110.98	41.30	44.65	12.42	13.13
2.33	2.85	2.90	2.93	1.34	1.38		
131.58	153.34	398.73	586.17	137.64	154.13	25.34	30.99
2.4	2.4	2.4	2.4	2.4	2.4	2.7	2.7
						5.8	
16.0	18.6	21.0	22.2				5.8
				78.3	100.9		
4079	4080	4081	4082	4083	4084	4085	4086

	项目	单位	汽车起重机					
			起重量（t）					
			8.0	10	12	16	20	25
（一）	折旧费	元	20.90	25.08	28.18	37.62	46.14	74.64
	修理及替换设备费	元	14.66	17.45	19.61	26.17	28.94	40.31
	安装拆卸费	元						
	小计	元	35.56	42.53	47.79	63.79	75.08	114.95
（二）	人工	工时	2.7	2.7	2.7	2.7	2.7	2.7
	汽油	kg						
	柴油	kg	7.7	7.7	8.6	11.1	11.6	12.4
	电	kW·h						
	风	m^3						
	水	m^3						
	煤	kg						
备注								
编号			4087	4088	4089	4090	4091	4092

汽车起重机							
起重量（t）							
30	40	50	70	90	100	110	130
84.82	166.25	220.54	339.28	407.14	475.00	502.14	542.85
45.80	89.78	113.13	174.06	208.89	243.68	257.60	278.48
130.62	256.03	333.67	513.34	616.03	718.68	759.74	821.33
2.7	2.7	2.7	2.7	2.7	2.7	2.7	2.7
14.7	16.9	18.9	21.0	21.0	21.0	22.0	22.0
4093	4094	4095	4096	4097	4098	4099	4100

项目		单位	汽车起重机	轮胎起重机			
			起重量(t)				
			200	8.0	10	15	16
(一)	折旧费	元	814.29	19.20	21.23	22.13	29.39
	修理及替换设备费	元	417.73	10.75	11.89	12.39	15.64
	安装拆卸费	元					
	小计	元	1232.02	29.95	33.12	34.52	45.03
(二)	人工	工时	2.7	2.4	2.4	2.4	2.4
	汽油	kg					
	柴油	kg	25.1	5.9	5.9	7.0	7.3
	电	kW·h					
	风	m^3					
	水	m^3					
	煤	kg					
备注							
编号			4101	4102	4103	4104	4105

续表

轮胎起重机					内燃叉车		
起重量（t）							
20	25	35	40	100～125	2.0	3.0	6.0
34.73	51.36	68.28	83.13	317.66	4.71	5.30	7.84
18.26	27.00	37.78	43.70	171.53	8.59	9.63	14.11
52.99	78.36	106.06	126.83	489.19	13.30	14.93	21.95
2.4	2.4	2.4	2.4	2.7	1.3	1.3	1.3
7.4	9.6	11.0	11.4	21.0	3.4	4.4	4.8
4106	4107	4108	4109	4110	4111	4112	4113

项目		单位	桅杆式起重机				
			起重量（t）				
			5.0	10	15	25	40
（一）	折旧费	元	7.92	9.82	12.98	13.62	16.15
	修理及替换设备费	元	5.39	6.68	8.84	9.27	10.99
	安装拆卸费	元	2.84	4.16	5.26	5.51	6.54
	小计	元	16.15	20.66	27.08	28.40	33.68
（二）	人工	工时	2.4	2.4	2.4	2.4	2.4
	汽油	kg					
	柴油	kg					
	电	kW·h	18.1	26.7	41.6	46.9	66.7
	风	m^3					
	水	m^3					
	煤	kg					
备注							
编号			4114	4115	4116	4117	4118

续表

铁道起重机		链式起重机				电动葫芦	
内燃		手动					
起重量(t)							
8.0	16	1.0	2.0	3.0	5.0	0.5	1.0
30.88	43.38	0.07	0.13	0.15	0.24	0.76	0.91
14.61	21.99	0.04	0.05	0.06	0.08	0.47	0.56
45.49	65.37	0.11	0.18	0.21	0.32	1.23	1.47
2.4	2.4						
5.0	5.0						
						1.0	2.0
4119	4120	4121	4122	4123	4124	4125	4126

项目		单位	电动葫芦			千斤顶		
			起重量（t）					
			2.0	3.0	5.0	≤10	50	100
（一）	折旧费	元	1.11	1.24	1.77	0.05	0.12	0.42
	修理及替换设备费	元	0.67	0.76	1.02	0.02	0.06	0.12
	安装拆卸费	元						
	小计	元	1.78	2.00	2.79	0.07	0.18	0.54
（二）	人工	工时						
	汽油	kg						
	柴油	kg						
	电	kW·h	3.0	4.0	5.0			
	风	m^3						
	水	m^3						
	煤	kg						
备注								
编号			4127	4128	4129	4130	4131	4132

续表

千斤顶		张拉千斤顶					卷扬机
							单筒慢速
起重量（t）							起重量(t)
200	300	YKD-18	YCQ-100	YCW-150	YCW-250	YCW-350	1.0
0.54	0.86	0.28	1.08	1.24	1.52	1.81	0.43
0.18	0.29	0.08	0.31	0.35	0.43	0.51	0.17
							0.01
0.72	1.15	0.36	1.39	1.59	1.95	2.32	0.61
							1.0 3.0
4133	4134	4135	4136	4137	4138	4139	4140

项目		单位	卷扬机				
			单筒慢速				
			起重量（t）				
			2.0	3.0	5.0	8.0	10
（一）	折旧费	元	1.21	1.75	2.97	5.99	19.64
	修理及替换设备费	元	0.47	0.68	1.16	2.34	7.66
	安装拆卸费	元	0.02	0.03	0.05	0.09	0.30
	小计	元	1.70	2.46	4.18	8.42	27.60
（二）	人工	工时	1.0	1.0	1.3	1.3	1.3
	汽油	kg					
	柴油	kg					
	电	kW·h	4.0	5.4	7.9	15.9	17.1
	风	m^3					
	水	m^3					
	煤	kg					
备注							
编号			4141	4142	4143	4144	4145

续表

卷扬机							
单筒快速				双筒慢速			双筒快速
起重量（t）							
1.0	2.0	3.0	5.0	3.0	5.0	10	1.0
0.69	1.70	3.74	6.23	4.90	5.89	25.53	0.96
0.27	0.66	1.46	2.43	1.91	2.30	9.96	0.37
0.01	0.03	0.06	0.10	0.08	0.09	0.39	0.01
0.97	2.39	5.26	8.76	6.89	8.28	35.88	1.34
1.0	1.0	1.0	1.3	1.3	1.3	1.3	1.0
5.4	7.9	10.1	21.6	8.6	10.1	17.1	5.8
4146	4147	4148	4149	4150	4151	4152	4153

项目		单位	卷扬机				
			双筒快速				
			起重量(t)				
			2.0	3.0	5.0	8.0	10
(一)	折旧费	元	2.80	5.24	7.17	14.05	29.83
	修理及替换设备费	元	1.09	2.04	2.80	5.48	11.63
	安装拆卸费	元	0.04	0.08	0.11	0.22	0.46
	小计	元	3.93	7.36	10.08	19.75	41.92
(二)	人工	工时	1.0	1.0	1.3	1.3	1.3
	汽油	kg					
	柴油	kg					
	电	kW·h	11.7	17.1	28.8	42.8	46.1
	风	m^3					
	水	m^3					
	煤	kg					
备注							
编号			4154	4155	4156	4157	4158

续表

卷扬台车	箕斗		单层罐笼(t)	绞车			
				单筒			
	斗容 (m^3)			卷筒直径×卷筒宽度 (m×m)			
	0.6	1.0	1.1	1.2×1.0 30kW	1.2×1.0 75kW	1.6×1.2 75kW	1.6×1.2 110kW
44.53	1.32	1.70	20.36	7.03	14.51	16.63	20.05
45.87	0.36	0.46	18.32	2.74	5.66	6.48	7.82
3.56				0.11	0.22	0.26	0.31
93.96	1.68	2.16	38.68	9.88	20.39	23.37	28.18
2.7 100.0				1.3 21.7	1.3 54.2	1.3 54.2	1.3 79.5
4159	4160	4161	4162	4163	4164	4165	4166

项目		单位	绞车		
			单筒		
			卷筒直径×卷筒宽度 (m×m)		
			2.0×1.5 30kW	2.0×1.5 55kW	2.0×1.5 155kW
(一)	折旧费	元	8.91	11.28	39.19
	修理及替换设备费	元	3.47	4.40	15.28
	安装拆卸费	元	0.14	0.17	0.60
	小计	元	12.52	15.85	55.07
(二)	人工	工时	1.3	1.3	1.3
	汽油	kg			
	柴油	kg			
	电	kW·h	21.7	39.70	112.0
	风	m^3			
	水	m^3			
	煤	kg			
备注					
编号			4167	4168	4169

续表

绞车							
双筒							
卷筒直径×卷筒宽度 (m×m)							
1.2×1.0 30kW	1.2×1.0 55kW	1.2×1.0 75kW	1.6×1.2 75kW	1.6×1.2 110kW	1.6×1.2 155kW	2.0×1.5 30kW	2.0×1.5 155kW
8.31	14.84	20.35	21.14	22.56	26.13	11.28	42.75
3.24	5.79	7.94	8.24	8.80	10.19	4.40	16.67
0.13	0.23	0.31	0.33	0.35	0.40	0.17	0.86
11.68	20.86	28.60	29.71	31.71	36.72	15.85	60.28
1.3	1.3	1.3	1.3	1.3	1.3	1.3	1.3
21.7	39.7	54.2	54.2	79.5	112.0	21.7	112.0
4170	4171	4172	4173	4174	4175	4176	4177

五、砂石料加工机械

项目		单位	颚式破碎机				
			进料口(宽度×长度) (mm×mm)				
			60×100	150×250	200×350	250×400	250×1000
(一)	折旧费	元	0.48	1.15	2.06	3.06	9.68
	修理及替换设备费	元	3.71	5.24	8.65	11.57	24.49
	安装拆卸费	元	0.14	0.25	0.44	0.64	1.55
	小计	元	4.33	6.64	11.15	15.27	35.72
(二)	人工	工时	1.3	1.3	1.3	1.3	1.3
	汽油	kg					
	柴油	kg					
	电	kW·h	0.6	3.1	5.0	12.3	28.0
	风	m^3					
	水	m^3					
	煤	kg					
备注							
编号			5001	5002	5003	5004	5005

颚 式 破 碎 机

进料口(宽度×长度) (mm×mm)							
400×600	450×600	450×750	500×750	600×900	900×1200	1200×1500	1500×2100
6.88	7.92	10.69	11.48	28.68	76.48	145.47	263.51
18.18	20.50	27.14	29.04	71.80	133.79	254.49	460.98
1.09	1.26	1.70	1.84	4.55	8.74	16.63	30.12
26.15	29.68	39.53	42.36	105.03	219.01	416.59	754.61
1.3	1.3	1.3	1.3	1.3	1.3	1.3	1.3
21.2	22.7	37.8	41.6	60.5	83.2	136.1	189.0
5006	5007	5008	5009	5010	5011	5012	5013

项目		单位	旋回式破碎机				
			料口宽度(进/出) (mm)				
			500/70	700/100	700/130	900/130	1200/170
(一)	折旧费	元	69.83	143.64	159.60	223.44	359.10
	修理及替换设备费	元	50.27	103.42	114.91	160.88	258.55
	安装拆卸费	元	5.91	12.17	13.52	18.93	30.42
	小计	元	126.01	259.23	288.03	403.25	648.07
(二)	人工	工时	1.3	1.3	1.3	1.3	1.3
	汽油	kg					
	柴油	kg					
	电	kW·h	93.9	104.8	112.0	151.8	224.0
	风	m^3					
	水	m^3					
	煤	kg					
备注							
编号			5014	5015	5016	5017	5018

续表

圆锥破碎机					锤式破碎机 转子		
锥底直径（mm）					（直径×长度）（mm×mm）		
900	1200	1650	1750	2200	600×400	800×600	1000×800
20.56	38.38	58.94	81.89	120.01	1.67	3.52	6.70
19.53	36.46	56.00	77.79	114.01	3.07	5.44	10.35
2.26	4.22	6.48	9.00	13.20	0.13	0.28	0.52
42.35	79.06	121.42	168.68	247.22	4.87	9.24	17.57
1.3	1.3	1.3	1.3	1.3	1.3	1.3	1.3
39.8	79.5	112.0	112.0	202.3	12.3	39.8	83.1
5019	5020	5021	5022	5023	5024	5025	5026

项目		单位	锤式破碎机		反击式破碎机		球(棒)磨机
			转子				筒体
			(直径×长度)(mm×mm)				
			1250×1250	1300×1600	1000×1000	1200×1000	550×450
(一)	折旧费	元	23.75	30.15	31.92	20.95	4.75
	修理及替换设备费	元	30.20	40.09	30.32	19.90	6.45
	安装拆卸费	元	1.38	1.84	3.51	2.30	0.33
	小计	元	55.33	72.08	65.75	43.15	11.53
(二)	人工	工时	1.3	1.3	1.3	1.3	1.3
	汽油	kg					
	柴油	kg					
	电	kW·h	130.1	144.5	54.2	68.7	2.2
	风	m^3					
	水	m^3					
	煤	kg					
备注						双转子	单转子
编号			5027	5028	5029	5030	5031

续表

球(棒) 磨 机					悬辊式磨机		
筒 体							
(直径×长度) (mm×mm)					磨辊(个数×直径(mm))		
900×1800	1500×3000	2100×3000	2100×3600	2700×3600	3×270	4×320	5×400
6.53	17.22	36.58	53.70	63.33	4.59	6.08	8.36
7.94	17.91	29.33	40.04	45.08	5.67	7.53	9.82
0.45	1.21	2.13	2.94	3.22	0.56	0.73	1.01
14.92	36.34	68.04	96.68	111.63	10.82	14.34	19.19
1.3	1.3	1.3	1.3	1.3	1.3	1.3	1.3
28.0	71.8	132.3	147.9	264.6	15.9	32.5	76.3
5032	5033	5034	5035	5036	5037	5038	5039

项目		单位	砂石洗选机				
			单螺旋		双螺旋		
			直径（mm）				
			XL-450	XL-914	540×4600	1800×6900	2200×8400
（一）	折旧费	元	4.24	7.06	3.00	18.97	39.36
	修理及替换设备费	元	5.51	9.18	3.90	24.66	51.16
	安装拆卸费	元	0.32	0.53	0.24	1.52	2.95
	小计	元	10.07	16.77	7.14	45.15	93.47
（二）	人工	工时	1.3	1.3	1.3	1.3	1.3
	汽油	kg					
	柴油	kg					
	电	kW·h	5.4	8.0	5.4	32.5	54.2
	风	m^3					
	水	m^3					
	煤	kg					
备注							
编号			5040	5041	5042	5043	5044

续表

槽式洗矿机			螺旋分级机				
双螺旋			单螺旋				
直径(mm)			直径(mm)				
1070×4600	1800×6900	2400×8300	450	700	1000	1200	1500
15.35	32.88	42.38	2.55	4.02	7.23	11.25	13.66
19.95	42.75	55.10	3.85	5.22	8.45	12.74	14.92
1.23	2.63	3.39	0.29	0.43	0.61	0.95	1.15
36.53	78.26	100.87	6.69	9.67	16.29	24.94	29.73
1.3	1.3	1.3	1.3	1.3	1.3	1.3	1.3
5.8	36.1	54.2	0.8	2.2	5.4	6.1	7.0
5045	5046	5047	5048	5049	5050	5051	5052

续表

项目		单位	螺旋分级机 双螺旋 直径(mm)		圆振动筛 筛面(宽×长)(mm×mm)	
			2×1200	2×1500	1200×3600	1500×3600
(一)	折旧费	元	17.68	24.73	7.14	8.04
	修理及替换设备费	元	19.22	26.73	11.92	13.42
	安装拆卸费	元	1.49	2.08	0.17	0.19
	小计	元	38.39	53.54	19.23	21.65
(二)	人工	工时	1.3	1.3	1.3	1.3
	汽油	kg				
	柴油	kg				
	电	kW·h	13.0	14.0	8.0	8.7
	风	m^3				
	水	m^3				
	煤	kg				
备注						
编号			5053	5054	5055	5056

续表

圆振动筛				
筛面（宽×长）（mm×mm）				
1500×4800	1800×3600	1800×4200	1800×4800	2100×4800
8.82	8.77	9.50	9.97	13.15
14.73	14.64	15.87	16.65	21.97
0.21	0.21	0.23	0.24	0.32
23.76	23.62	25.60	26.86	35.44
1.3	1.3	1.3	1.3	1.3
10.5	9.8	10.8	11.7	14.5
5057	5058	5059	5060	5061

项目		单位	圆振动筛		自定中心振动筛	
			筛面（宽×长）（mm×mm）			
			2100×6000	2400×6000	900×1800	1250×2500
(一)	折旧费	元	15.80	19.06	1.83	2.66
	修理及替换设备费	元	26.38	31.83	3.11	4.03
	安装拆卸费	元	0.38	0.46	0.04	0.06
	小计	元	42.56	51.35	4.98	6.75
(二)	人工	工时	1.3	1.3	1.3	1.3
	汽油	kg				
	柴油	kg				
	电	kW·h	15.9	21.7	1.6	4.0
	风	m^3				
	水	m^3				
	煤	kg				
备注						
编号			5062	5063	5064	5065

续表

自定中心振动筛					惯性振动筛	
筛面（宽×长）（mm×mm）						
1250×3000	1250×4000	1500×3000	1500×4000	1800×3600	1250×2500	1500×3000
3.92	4.41	4.57	6.40	8.48	2.38	3.40
5.45	5.94	5.98	7.18	9.50	7.04	8.15
0.09	0.10	0.10	0.14	0.19	0.09	0.11
9.46	10.45	10.65	13.72	18.17	9.51	11.66
1.3	1.3	1.3	1.3	1.3	1.3	1.3
4.7	5.4	5.4	8.0	13.0	4.0	4.0
5066	5067	5068	5069	5070	5071	5072

项目		单位	重型振动筛				
			筛面（宽×长）（mm×mm）				
			1500×3000	1750×3500	1800×3600	2100×6000	2400×6000
(一)	折旧费	元	4.08	5.61	10.54	22.01	23.96
	修理及替换设备费	元	7.47	9.81	18.44	38.51	41.93
	安装拆卸费	元	0.11	0.14	0.26	0.55	0.60
	小计	元	11.66	15.56	29.24	61.07	66.49
(二)	人工	工时	1.3	1.3	1.3	1.3	1.3
	汽油	kg					
	柴油	kg					
	电	kW·h	8.0	10.8	15.9	21.7	28.9
	风	m^3					
	水	m^3					
	煤	kg					
备注							
编号			5073	5074	5075	5076	5077

续表

共振筛					偏心半振动筛	直线振动筛	
筛面（宽×长）（mm×mm）							
1000×2500	1200×3000	1250×3000	1500×3000	1500×4000	1250×3000	1200×4800	1500×4800
2.63	3.07	3.36	3.65	4.60	2.98	10.32	15.80
5.51	6.42	7.04	7.65	9.63	6.33	12.39	18.95
0.06	0.07	0.08	0.09	0.11	0.10	0.31	0.47
8.20	9.56	10.48	11.39	14.34	9.41	23.02	35.22
1.3	1.3	1.3	1.3	1.3	1.3	1.3	1.3
2.2	3.1	3.1	4.0	5.4	5.4	8.0	8.6
5078	5079	5080	5081	5082	5083	5084	5085

项目		单位	直线振动筛			给料机			
			筛面(宽×长)(mm×mm)			圆盘式	重型槽式(mm×mm)		
			1800×4800	2100×6000	2400×6000	DB-1600	900×2100	1100×2700	1250×3200
(一)	折旧费	元	18.27	26.56	29.03	2.87	4.66	7.86	10.52
	修理及替换设备费	元	21.92	31.87	34.84	5.80	7.09	11.95	15.98
	安装拆卸费	元	0.55	0.80	0.87	0.21	0.25	0.42	0.56
	小计	元	40.74	59.23	64.74	8.88	12.00	20.23	27.06
(二)	人工	工时	1.3	1.3	1.3	1.3	1.3	1.3	1.3
	汽油	kg							
	柴油	kg							
	电	kW·h	10.8	15.9	17.1	2.9	5.4	8.0	10.8
	风	m^3							
	水	m^3							
	煤	kg							
备注									
编号			5086	5087	5088	5089	5090	5091	5092

续表

给料机			堆料机			斗轮堆取料机	卸料小车
			双臂		摇臂		功率(kW)
叶轮式	电磁式	重型板式	生产率(m^3/h)			生产能力(t/h)	
Φ400×400	45DA	1200×4500	300	500	500	500	15
1.32	2.34	4.02	19.50	24.25	57.50	130.63	0.95
2.06	3.47	7.55	12.36	15.37	36.43	68.13	3.15
0.09	0.15	0.31	4.52	5.63	8.67	11.17	0.38
3.47	5.96	11.88	36.38	45.25	102.60	209.93	4.48
1.3	1.3	1.3	1.3	1.3	4.4	7.0	1.3
2.2	2.2	5.4	8.3	12.8	48.6	76.4	8.3
5093	5094	5095	5096	5097	5098	5099	5100

六、钻孔灌浆机械

项目		单位	地质钻机				冲击钻机
			100型	150型	300型	500型	CZ-20
(一)	折旧费	元	2.99	3.80	4.51	5.18	8.50
	修理及替换设备费	元	7.31	8.56	9.36	10.80	14.02
	安装拆卸费	元	1.83	2.37	2.76	3.64	3.69
	小计	元	12.13	14.73	16.63	19.62	26.21
(二)	人工	工时	2.8	2.9	2.9	2.9	2.9
	汽油	kg					
	柴油	kg					
	电	kW·h	6.7	10.7	15.0	18.3	17.8
	风	m^3					
	水	m^3					
	煤	kg					
备注							
编号			6001	6002	6003	6004	6005

冲击钻机		大口径岩芯钻	大口径工程钻	反循环钻机	反井钻机	冲击式反循环钻机	
CZ-22	CZ-30	Φ1.2m	GJC-40H	SFZ-150	LM-200	CZF-1200	CZF-1500
16.50	28.50	42.60	95.00	22.35	96.43	26.63	36.10
23.42	39.43	68.59	154.95	41.55	158.15	42.59	57.76
6.19	10.59	16.20	34.54	8.99	49.28	10.65	14.44
46.11	78.52	127.39	284.49	72.89	303.86	79.87	108.30
2.9	2.9	3.9	3.4	2.9	5.3	3.8	3.8
			10.1				
19.6	35.6	92.5		68.2	69.3	21.7	32.5
					31.0		
6006	6007	6008	6009	6010	6011	6012	6013

项目		单位	液压铣槽机 BC-30	液压开槽机	自行射水成槽机	泥浆净化机 JHB-200	泥浆净化系统 BE-500
(一)	折旧费	元	2456.42	39.10	33.68	5.81	184.35
	修理及替换设备费	元	1473.86	54.74	45.80	4.64	82.96
	安装拆卸费	元		15.64	13.47	1.45	
	小计	元	3930.28	109.48	92.95	11.90	267.31
(二)	人工	工时	7.5	5.0	5.0	1.8	4.2
	汽油	kg					
	柴油	kg	108.0				
	电	kW·h		79.0	88.0	19.0	82.0
	风	m^3					
	水	m^3					
	煤	kg					
备注							
编号			6014	6015	6016	6017	6018

续表

灌浆自动记录仪	泥浆搅拌机	灰浆搅拌机	高速搅拌机	泥浆泵	灌浆泵		
				HB80/10型	中低压		高压
			NJ-1500	3PN	泥浆	砂浆	泥浆
6.65	3.21	0.83	3.56	0.45	2.38	2.76	4.43
3.99	6.51	2.28	8.91	1.16	6.95	7.76	11.94
0.67	0.58	0.20	0.71	0.23	0.57	0.64	0.96
11.31	10.30	3.31	13.18	1.84	9.90	11.16	17.33
2.1	1.3	1.3	1.3	1.3	2.4	2.4	2.4
0.1	12.9	6.3	12.5	2.9	13.2	10.1	17.9
6019	6020	6021	6022	6023	6024	6025	6026

项目		单位	灰浆泵	高压水泵	搅灌机	旋定摆提升装置	高喷台车
			功率(kW)				
			4.0	75	WJG-80		
(一)	折旧费	元	1.78	3.57	3.33	2.14	6.00
	修理及替换设备费	元	6.33	12.12	8.13	8.55	9.20
	安装拆卸费	元	0.89	1.78	0.59	0.33	2.51
	小计	元	9.00	17.47	12.05	11.02	17.71
(二)	人工	工时	1.3	1.3	3.7	2.7	1.3
	汽油	kg					
	柴油	kg					
	电	kW·h	4.0	72.5	9.0	6.0	3.0
	风	m^3					
	水	m^3					
	煤	kg					
备注							
编号			6027	6028	6029	6030	6031

续表

柴 油 打 桩 机 锤 头 重 量 (t)				振 冲 器		
1～2	2～4	4～6	6～8	ZCQ-13	ZCQ-30	ZCQ-75
3.01	15.83	19.98	30.23	8.08	9.98	19.00
7.10	33.59	43.81	76.62	8.22	9.48	10.21
2.22	11.25	14.19	25.82	0.75	0.87	1.58
12.33	60.67	77.98	132.67	17.05	20.33	30.79
3.9	3.9	3.9	3.9	1.3	1.3	1.3
3.0	4.0	5.0	6.0			
				10.1	21.7	45.9
下限＜锤头重量(t)≤上限						
6032	6033	6034	6035	6036	6037	6038

七、工程船舶

项目		单位	绞吸式挖泥船				
			生产率(m^3/h)				
			40		60		80
			挖泥	挖砂	挖泥	挖砂	挖泥
(一)	折旧费	元	20.90	20.90	31.03	31.03	41.48
	修理及替换设备费	元	27.18	51.10	37.86	70.98	48.65
	安装拆卸费	元					
	小计	元	48.08	72.00	68.89	102.01	90.13
(二)	人工	工时	6.3	6.3	6.3	6.3	8.6
	汽油	kg					
	柴油	kg	34.0	34.0	41.4	41.4	50.8
	电	kW·h					
	风	m^3					
	水	m^3					
	煤	kg					
备注							
编号			7001	7002	7003	7004	7005

绞吸式挖泥船							
生产率 (m^3/h)							
80	100		120		200		350
挖砂	挖泥	挖砂	挖泥	挖砂	挖泥	挖砂	挖泥
41.48	47.38	47.38	57.00	57.00	143.29	143.29	197.92
90.65	58.95	110.62	69.17	129.13	85.98	171.95	118.75
132.13	106.33	158.00	126.17	186.13	229.27	315.24	316.67
8.6	8.6	8.6	8.6	8.6	11.2	11.2	13.6
50.8	56.5	56.5	82.0	82.0	130.0	130.0	200.0
7006	7007	7008	7009	7010	7011	7012	7013

项目		单位	绞吸式挖泥船				
			生产率 (m^3/h)				
			350	400		500	
			挖砂	挖泥	挖砂	挖泥	挖砂
(一)	折旧费	元	197.92	224.31	224.31	290.28	290.28
	修理及替换设备费	元	237.50	134.59	269.17	159.65	319.31
	安装拆卸费	元					
	小计	元	435.42	358.90	493.48	449.93	609.59
(二)	人工	工时	13.6	13.6	13.6	14.9	14.9
	汽油	kg					
	柴油	kg	200.0	220.0	220.0	256.0	256.0
	电	kW·h					
	风	m^3					
	水	m^3					
	煤	kg					
备注							
编号			7014	7015	7016	7017	7018

续表

绞吸式挖泥船							
生产率（m³/h）							
800		980		1250		1450	
挖泥	挖砂	挖泥	挖砂	挖泥	挖砂	挖泥	挖砂
400.00	400.00	475.00	475.00	558.13	558.13	665.00	665.00
180.00	344.00	190.00	361.00	212.10	401.85	232.75	445.55
580.00	744.00	665.00	836.00	770.23	959.98	897.75	1110.55
14.9	14.9	15.9	15.9	15.9	15.9	17.5	17.5
289.5	289.5	352.0	352.0	449.0	449.0	492.0	492.0
7019	7020	7021	7022	7023	7024	7025	7026

项目		单位	绞吸式挖泥船			
			生产率（m^3/h）			
			1720		2500	
			挖泥	挖砂	挖泥	挖砂
（一）	折旧费	元	1021.25	1021.25	1500.00	1500.00
	修理及替换设备费	元	357.44	684.24	525.00	1005.00
	安装拆卸费	元				
	小计	元	1378.69	1705.49	2025.00	2505.00
（二）	人工	工时	18.8	18.8	19.9	19.9
	汽油	kg				
	柴油	kg	610.0	610.0	1036.8	1036.8
	电	kW·h				
	风	m^3				
	水	m^3				
	煤	kg				
备注						
编号			7027	7028	7029	7030

续表

链斗式挖泥船						
生产率(m^3/h)						
40		60		100		120
挖泥	挖砂	挖泥	挖砂	挖泥	挖砂	挖泥
16.78	16.78	25.33	25.33	35.98	35.98	43.18
26.44	32.56	45.18	56.54	73.32	92.55	83.15
43.22	49.34	70.51	81.87	109.30	128.53	126.33
7.3	7.3	8.6	8.6	9.7	9.7	11.0
18.4	18.4	22.3	22.3	31.5	31.5	37.4
7031	7032	7033	7034	7035	7036	7037

项目		单位	链斗式挖泥船				
			生产率（m^3/h）				
			120	150		180	
			挖砂	挖泥	挖砂	挖泥	挖砂
（一）	折旧费	元	43.18	54.70	54.70	82.33	82.33
	修理及替换设备费	元	108.19	100.72	127.85	114.65	145.22
	安装拆卸费	元					
	小计	元	151.37	155.42	182.55	196.98	227.55
（二）	人工	工时	11.0	14.9	14.9	15.9	15.9
	汽油	kg					
	柴油	kg	37.4	42.8	42.8	55.4	55.4
	电	kW·h					
	风	m^3					
	水	m^3					
	煤	kg					
备注							
编号			7038	7039	7040	7041	7042

续表

链斗式挖泥船						链斗式采砂船	
生产率（m^3/h）							
350		500		750		120	120
挖泥	挖砂	挖泥	挖砂	挖泥	挖砂		
147.07	147.07	209.92	209.92	669.13	669.13	20.15	38.86
204.37	259.43	302.28	381.45	447.51	572.11	26.20	46.63
351.44	406.50	512.20	591.37	1116.64	1241.24	46.35	85.49
18.8	18.8	19.9	19.9	21.2	21.2	8.3	8.3
103.0	103.0	126.4	126.4	175.5	175.5		17.2
						72.5	
7043	7044	7045	7046	7047	7048	7049	7050

项目		单位	链斗式采砂船			铲斗挖泥船	
			生 产 率 (m³/h)			斗 容 (m³)	
			150	250	750	0.75	4.0
(一)	折旧费	元	72.98	244.70	661.50	31.67	234.47
	修理及替换设备费	元	87.58	293.64	463.05	60.45	231.70
	安装拆卸费	元					
	小计	元	160.56	538.34	1124.55	92.12	466.17
(二)	人工	工时	8.3	12.3	21.2	12.0	15.9
	汽油	kg					
	柴油	kg	21.1	114.5	219.0	26.1	162.0
	电	kW·h					
	风	m^3					
	水	m^3					
	煤	kg					
备注							
编号			7051	7052	7053	7054	7055

续表

铲扬挖泥船	抓斗挖泥船						
斗容（m³）							
4.0	0.5	0.75	1.0	1.5	2.0	4.0	8.0
633.33	20.90	31.67	38.29	57.58	76.63	140.20	171.87
609.99	47.54	58.74	80.27	92.85	133.39	193.94	226.87
1243.32	68.44	90.41	118.56	150.43	210.02	334.14	398.74
12.0	7.3	9.7	12.0	13.3	14.9	15.9	17.3
97.4	20.7	26.1	27.7	38.2	46.1	72.9	98.5
7056	7057	7058	7059	7060	7061	7062	7063

项目		单位	抓斗挖泥船	水力冲挖机组			
			斗容(m^3)	高压水泵	水枪	泥浆泵	排泥管
			13.0	15kW	Φ65mm	15kW	Φ100mm 长 100m
(一)	折旧费	元	257.36	0.79	1.02	1.05	0.81
	修理及替换设备费	元	269.65	1.98	2.04	2.10	0.16
	安装拆卸费	元		0.40		0.53	
	小计	元	527.01	3.17	3.06	3.68	0.97
(二)	人工	工时	18.3	0.7	2.0	0.7	
	汽油	kg					
	柴油	kg	129.1				
	电	kW·h		14.0		12.0	
	风	m^3					
	水	m^3					
	煤	kg					
备注							
编号			7064	7065	7066	7067	7068

续表

吹泥船							
生产率（m³/h）							
60		80		150		400	
挖泥	挖砂	挖泥	挖砂	挖泥	挖砂	挖泥	挖砂
34.83	34.83	44.33	44.33	71.97	71.97	86.71	86.71
31.95	61.94	37.84	73.84	49.28	97.32	68.67	134.23
66.78	96.77	82.17	118.17	121.25	169.29	155.38	220.94
6.3	6.3	7.3	7.3	8.6	8.6	8.6	8.6
21.4	21.4	27.7	27.7	52.9	52.9	61.6	61.6
7069	7070	7071	7072	7073	7074	7075	7076

项目		单位	吹泥船			
			生产率（m^3/h）			
			800		1000	
			挖泥	挖砂	挖泥	挖砂
（一）	折旧费	元	113.55	113.55	175.37	175.37
	修理及替换设备费	元	99.67	192.77	172.74	319.88
	安装拆卸费	元				
	小计	元	213.22	306.32	348.11	495.25
（二）	人工	工时	8.6	8.6	15.9	15.9
	汽油	kg				
	柴油	kg	75.2	75.2	241.6	241.6
	电	kW·h				
	风	m^3				
	水	m^3				
	煤	kg				
备注						
编号			7077	7078	7079	7080

续表

挖泥船浮筒（每组）								
排泥管径×长度 （mm×mm）								
250×5000		300×5000		400×7500		500×7500		560×7500
排泥	排砂	排泥	排砂	排泥	排砂	排泥	排砂	排泥
0.45	0.59	0.54	0.70	0.72	0.93	0.93	1.21	1.07
0.15	0.19	0.17	0.23	0.22	0.31	0.30	0.41	0.35
0.05	0.07	0.06	0.08	0.08	0.10	0.11	0.15	0.12
0.65	0.85	0.77	1.01	1.02	1.34	1.34	1.77	1.54
7081	7082	7083	7084	7085	7086	7087	7088	7089

项目		单位	挖泥船浮筒（每组）				
			排泥管径×长度 （mm×mm）				
			560×7500	600×7500		650×9000	
			排砂	排泥	排砂	排泥	排砂
（一）	折旧费	元	1.40	1.43	1.86	1.66	2.16
	修理及替换设备费	元	0.49	0.44	0.62	0.54	0.74
	安装拆卸费	元	0.16	0.16	0.22	0.18	0.25
	小计	元	2.05	2.03	2.70	2.38	3.15
（二）	人工	工时					
	汽油	kg					
	柴油	kg					
	电	kW·h					
	风	m^3					
	水	m^3					
	煤	kg					
备注							
编号			7090	7091	7092	7093	7094

续表

挖泥船浮筒（每组）				岸管（根）			
排泥管径×长度（mm×mm）				管径×长度（mm×mm）			
700×9000		800×9000		250×4000		300×4000	
排泥	排砂	排泥	排砂	排泥	排砂	排泥	排砂
1.90	2.46	2.29	2.98	0.38	0.48	0.43	0.55
0.62	0.86	0.75	1.04	0.05	0.07	0.06	0.08
0.21	0.29	0.25	0.35				
2.73	3.61	3.29	4.37	0.43	0.55	0.49	0.63
7095	7096	7097	7098	7099	7100	7101	7102

项目		单位	岸管（根）				
			管径×长度 （mm×mm）				
			400×6000		500×6000		560×6000
			排泥	排砂	排泥	排砂	排泥
（一）	折旧费	元	0.47	0.60	0.48	0.61	0.53
	修理及替换设备费	元	0.06	0.08	0.06	0.08	0.07
	安装拆卸费	元					
	小计	元	0.53	0.68	0.54	0.69	0.60
（二）	人工	工时					
	汽油	kg					
	柴油	kg					
	电	kW·h					
	风	m^3					
	水	m^3					
	煤	kg					
备注							
编号			7103	7104	7105	7106	7107

续表

岸管（根）							
管径×长度（mm×mm）							
560×6000	600×6000		650×6000		700×6000		750×6000
排砂	排泥	排砂	排泥	排砂	排泥	排砂	排泥
0.68	0.59	0.75	0.61	0.78	0.75	0.96	0.80
0.09	0.08	0.10	0.08	0.10	0.10	0.12	0.11
0.77	0.67	0.85	0.69	0.88	0.85	1.08	0.91
7108	7109	7110	7111	7112	7113	7114	7115

项目		单位	岸管（根）			潜管（套）	
			管径×长度（mm×mm）			管径（mm）	
			750×6000	800×6000		700	
			排砂	排泥	排砂	排泥	排砂
（一）	折旧费	元	1.03	0.83	1.06	93.00	116.25
	修理及替换设备费	元	0.13	0.11	0.13	74.63	99.51
	安装拆卸费	元				20.93	27.90
	小计	元	1.16	0.94	1.19	188.56	243.66
（二）	人工	工时				4.7	4.7
	汽油	kg					
	柴油	kg				2.3	2.3
	电	kW·h					
	风	m^3					
	水	m^3					
	煤	kg					
备注						带端站	
编号			7116	7117	7118	7119	7120

续表

排泥胶管（每节）							
管径（mm）							
250		300		400		560	
排泥	排砂	排泥	排砂	排泥	排砂	排泥	排砂
0.11	0.15	0.13	0.18	0.15	0.20	0.44	0.61
0.01	0.02	0.02	0.02	0.02	0.02	0.06	0.07
0.12	0.17	0.15	0.20	0.17	0.22	0.50	0.68
7121	7122	7123	7124	7125	7126	7127	7128

项目		单位	排泥胶管(每节)		拖轮		
			管径 (mm)				
			700		功率 (kW)		
			排泥	排砂	37	44	75
(一)	折旧费	元	0.98	1.38	8.87	10.45	15.20
	修理及替换设备费	元	0.12	0.17	10.64	12.54	17.48
	安装拆卸费	元					
	小计	元	1.10	1.55	19.51	22.99	32.68
(二)	人工	工时			3.9	3.9	5.0
	汽油	kg					
	柴油	kg			4.7	5.4	9.0
	电	kW·h					
	风	m^3					
	水	m^3					
	煤	kg					
备注							
编号			7129	7130	7131	7132	7133

拖　　轮							
功　　率（kW）							
90	110	125	147	176	200	221	270
16.47	18.70	26.72	32.66	51.95	70.78	70.92	80.29
18.94	20.57	26.72	32.66	49.36	67.24	67.37	72.26
35.41	39.27	53.44	65.32	101.31	138.02	138.29	152.55
5.0	6.3	6.3	6.3	6.3	7.3	7.3	7.3
10.8	13.5	15.3	18.0	21.6	24.3	27.0	33.3
7134	7135	7136	7137	7138	7139	7140	7141

项目		单位	拖轮				
			功率（kW）				
			294	353	370	397	515
（一）	折旧费	元	83.57	86.86	89.39	93.40	103.40
	修理及替换设备费	元	75.21	78.17	80.45	84.06	87.89
	安装拆卸费	元					
	小计	元	158.78	165.03	169.84	177.46	191.29
（二）	人工	工时	9.4	9.7	9.7	9.7	11.0
	汽油	kg					
	柴油	kg	36.0	43.2	45.3	48.6	63.0
	电	kW·h					
	风	m^3					
	水	m^3					
	煤	kg					
备注							
编号			7142	7143	7144	7145	7146

续表

拖轮				锚艇			
功率（kW）							
588	720	882	1470	88～90	110	118	175
120.75	164.53	208.30	296.53	19.00	23.15	24.84	45.12
96.60	123.40	145.81	192.74	26.18	31.32	33.12	47.01
217.35	287.93	354.11	489.27	45.18	54.47	57.96	92.13
12.0	13.6	13.6	15.9	3.9	3.9	3.9	3.9
72.0	88.2	108.0	180.0	14.2	17.3	18.5	24.1
7147	7148	7149	7150	7151	7152	7153	7154

项目		单位	锚艇				机艇
			功率（kW）				
			200	243	485	510	30
（一）	折旧费	元	52.25	73.89	140.39	181.03	4.75
	修理及替换设备费	元	55.69	67.02	106.27	127.99	8.99
	安装拆卸费	元					
	小计	元	107.94	140.91	246.66	309.02	13.74
（二）	人工	工时	5.0	5.0	7.3	8.6	2.7
	汽油	kg					
	柴油	kg	28.8	34.2	59.4	63.0	5.8
	电	kW·h					
	风	m^3					
	水	m^3					
	煤	kg					
备注							
编号			7155	7156	7157	7158	7159

续表

机			艇				
功			率（kW）				
50	60	88～90	120	175	200	350	590
7.42	8.91	16.03	21.38	42.75	50.47	66.50	89.72
9.89	11.33	19.66	25.66	43.70	51.32	72.68	90.98
17.31	20.24	35.69	47.04	86.45	101.79	139.18	180.70
3.9	3.9	5.0	5.0	6.3	6.3	9.7	9.7
14.9	14.9	16.0	17.3	23.4	25.2	43.2	50.4
7160	7161	7162	7163	7164	7165	7166	7167

项　　目		单位	底开式泥驳				
			自航			非自航	
			舱容积（m^3）				
			50	120	280	30	40
（一）	折旧费	元	19.79	26.67	62.12	4.51	6.53
	修理及替换设备费	元	11.66	31.33	73.85	7.85	10.26
	安装拆卸费	元					
	小计	元	31.45	58.00	135.97	12.36	16.79
（二）	人工	工时	6.3	8.9	12.6	3.9	3.9
	汽油	kg					
	柴油	kg	17.5	21.2	41.4	0.9	0.9
	电	kW·h					
	风	m^3					
	水	m^3					
	煤	kg					
备注							
编号			7168	7169	7170	7171	7172

续表

底开式泥驳						满底泥驳	
非自航						自航	非自航
舱容积（m^3）							
50	60	100	180	280	500	60	40
8.31	9.50	16.63	27.77	43.12	72.00	13.46	4.75
11.66	19.49	27.81	33.01	35.56	53.74	11.34	6.37
19.97	28.99	44.44	60.78	78.68	125.74	24.80	11.12
3.9	3.9	5.0	6.3	7.3	8.6	6.3	3.9
0.9	0.9	0.9	0.9	1.8	3.0	22.6	0.7
7173	7174	7175	7176	7177	7178	7179	7180

项目		单位	满底泥驳				
			非自航				
			舱容积（m^3）				
			60	100	180	280	350
（一）	折旧费	元	6.33	9.90	16.92	26.31	32.88
	修理及替换设备费	元	9.65	12.58	20.25	23.31	26.39
	安装拆卸费	元					
	小计	元	15.98	22.48	37.17	49.62	59.27
（二）	人工	工时	3.9	5.0	6.3	7.3	7.3
	汽油	kg					
	柴油	kg	0.7	0.7	0.9	1.8	1.8
	电	kW·h					
	风	m^3					
	水	m^3					
	煤	kg					
备注							
编号			7181	7182	7183	7184	7185

续表

满底泥驳 非自航	砂　驳 （皮带机卸料）		石　　驳			油　　轮	
舱　容　积（m^3）						载　重　量（t）	
500	60	180	100	120	210	30	300
40.71	27.51	73.81	79.17	115.10	165.30	32.62	195.25
34.53	13.76	39.98	55.42	57.89	83.14	23.33	167.58
75.24	41.27	113.79	134.59	172.99	248.44	55.95	362.83
7.3			4.9	4.9	6.3	5.0	14.1
3.0		2.8	2.2	2.5	4.8	1.8	33.3
	8.8	19.1					
				底开式	侧抛式		
7186	7187	7188	7189	7190	7191	7192	7193

项目		单位	工程维修船	输砂趸船	
			功率 (kW)	生产率 (m^3/h)	
			59	800	1500
(一)	折旧费	元	19.79	26.31	37.03
	修理及替换设备费	元	16.49	22.36	31.47
	安装拆卸费	元			
	小计	元	36.28	48.67	68.50
(二)	人工	工时	7.9	7.3	9.7
	汽油	kg			
	柴油	kg	6.7	39.8	74.8
	电	kW·h			
	风	m^3			
	水	m^3			
	煤	kg			
备注					
编号			7194	7195	7196

续表

甲板驳			油驳	
载重量（t）				
100～200	300～500	1000	7.0	20
30.17 17.03 47.20	46.42 27.29 73.71	76.81 43.53 120.34	3.56 2.77 6.33	6.53 5.09 11.62
4.7	4.7	6.8 1.4	2.7 0.7	2.7 1.6
7197	7198	7199	7200	7201

项目		单位	油驳				
			载重量(t)				
			30	60	100	300	350
(一)	折旧费	元	8.51	12.97	15.16	23.58	25.28
	修理及替换设备费	元	6.63	10.84	11.61	16.51	16.85
	安装拆卸费	元					
	小计	元	15.14	23.81	26.77	40.09	42.13
(二)	人工	工时	2.7	3.9	3.9	6.3	6.3
	汽油	kg					
	柴油	kg	1.9	2.7	3.5	5.3	6.2
	电	kW·h					
	风	m^3					
	水	m^3					
	煤	kg					
备注							
编号			7202	7203	7204	7205	7206

续表

钢质趸船				木船	潜水衣具
载重量(t)					
35	70	350	1000	20～30	
5.28	8.18	15.00	30.88	4.16	0.95
5.94	8.77	15.68	29.85	6.97	0.48
11.22	16.95	30.68	60.73	11.13	1.43
3.9	3.9	7.3	14.9	2.0	
1.4	1.7	2.5	5.1		
7207	7208	7209	7210	7211	7212

八、动力机械

项目		单位	工业锅炉				
			蒸发量（t）				
			0.5	1.0	1.5	2.0	4.0
（一）	折旧费	元	4.28	6.58	7.42	8.88	11.23
	修理及替换设备费	元	2.78	3.88	4.60	5.50	7.29
	安装拆卸费	元	0.71	0.96	1.17	1.41	1.85
	小计	元	7.77	11.42	13.19	15.79	20.37
（二）	人工	工时	1.0	2.4	2.4	2.4	2.4
	汽油	kg					
	柴油	kg					
	电	kW·h					
	风	m^3					
	水	m^3	0.6	1.4	1.9	2.6	3.6
	煤	kg	84.1	201.1	252.8	377.4	484.5
备注							
编号			8001	8002	8003	8004	8005

工业锅炉		空压机					
		电动移动式				油动移动式	
蒸发量（t）		排气量（m^3/min）					
6.0	10.0	0.6	3.0	6.0	9.0	3.0	6.0
13.84	17.76	0.32	1.52	2.24	3.40	1.80	3.98
8.99	13.10	0.89	3.13	4.59	4.91	3.51	7.14
2.34	3.28	0.10	0.43	0.67	0.85	0.58	1.05
25.17	34.14	1.31	5.08	7.50	9.16	5.89	12.17
3.4	3.4	1.3	1.3	1.3	1.3	1.3	1.3
						4.9	12.0
		4.2	15.1	30.2	45.4		
5.8	9.4						
773.2	1288.5						
8006	8007	8008	8009	8010	8011	8012	8013

项目		单位	空压机				
			油动移动式			电动固定式	
			排气量（m^3/min）				
			9.0	17	20	9.0	15
（一）	折旧费	元	5.53	11.89	19.08	2.93	4.09
	修理及替换设备费	元	8.83	18.38	25.65	3.80	4.79
	安装拆卸费	元	1.39	3.12	5.01	0.54	0.75
	小计	元	15.75	33.39	49.74	7.27	9.63
（二）	人工	工时	2.4	2.4	2.4	1.3	1.3
	汽油	kg					
	柴油	kg	17.1	24.9	38.9		
	电	kW·h				56.7	71.8
	风	m^3					
	水	m^3					
	煤	kg					
备注							
编号			8014	8015	8016	8017	8018

续表

空压机						汽油发电机	
电动固定式					油动固定式	移动式	固定式
排气量 (m^3/min)						功率 (kW)	
20	40	60	93	103	12	15	55
5.92	11.13	13.11	18.06	20.04	4.70	3.98	3.62
6.82	13.62	14.13	19.46	21.59	7.66	11.43	5.28
1.01	2.33	2.54	3.50	3.88	1.10	1.32	0.84
13.75	27.08	29.78	41.02	45.51	13.46	16.73	9.74
1.8	1.8	2.7	2.7	2.7	2.4	1.3	1.8
						3.7	13.5
					18.9		
98.3	189.0	264.6	378.0	415.8			
8019	8020	8021	8022	8023	8024	8025	8026

项目		单位	柴油发电机				
			移动式				
			功率（kW）				
			20	30	40	50	60
（一）	折旧费	元	1.44	2.05	2.25	2.59	3.26
	修理及替换设备费	元	3.08	4.36	5.33	5.53	6.74
	安装拆卸费	元	0.50	0.59	0.79	0.89	1.02
	小计	元	5.02	7.00	8.37	9.01	11.02
（二）	人工	工时	1.8	1.8	1.8	1.8	2.4
	汽油	kg					
	柴油	kg	4.9	7.4	9.8	11.5	13.8
	电	kW·h					
	风	m^3					
	水	m^3					
	煤	kg					
备注							
编号			8027	8028	8029	8030	8031

续表

柴油发电机							柴油发电机组
移动式	固定式						
功率（kW）							
85	160	200	250	400	440	480	1000
3.79	6.53	9.14	11.75	21.27	21.52	22.02	51.70
7.51	9.70	11.70	12.85	23.24	27.04	27.43	45.08
1.14	1.72	1.90	2.35	4.48	4.73	5.25	7.18
12.44	17.95	22.74	26.95	48.99	53.29	54.70	103.96
2.4	3.9	3.9	3.9	5.6	5.6	5.6	6.9
18.6	33.7	37.4	46.8	66.8	73.5	80.2	167.1
8032	8033	8034	8035	8036	8037	8038	8039

九、其他机械

项目		单位	电力变压器 三相双线圈铝线 容量(kVA)				
			20	30	50	100	200
(一)	折旧费	元	0.08	0.10	0.16	0.21	0.33
	修理及替换设备费	元	0.01	0.01	0.01	0.01	0.02
	安装拆卸费	元				0.01	0.01
	小计	元	0.09	0.11	0.17	0.23	0.36
(二)	人工	工时				1.0	1.0
	汽油	kg					
	柴油	kg					
	电	kW·h					
	风	m^3					
	水	m^3					
	煤	kg					
备注							
编号			9001	9002	9003	9004	9005

电力变压器							
三相双线圈铝线							
容量 (kVA)							
315	500	1000	2500	4000	6300	10000	20000
0.39	0.65	1.06	1.82	2.17	3.41	4.58	6.82
0.02	0.04	0.06	0.11	0.13	0.20	0.27	0.40
0.01	0.01	0.02	0.03	0.04	0.06	0.08	0.12
0.42	0.70	1.14	1.96	2.34	3.67	4.93	7.34
1.0	1.5	1.5	2.4	2.4	2.4	2.4	2.4
9006	9007	9008	9009	9010	9011	9012	9013

项目		单位	电力变压器				
			三相双线圈铝线	三相三线圈铝线			
			容量（kVA）				
			31500	6300	10000	20000	31500
(一)	折旧费	元	11.75	5.35	6.82	8.93	16.45
	修理及替换设备费	元	0.70	0.32	0.40	0.53	0.97
	安装拆卸费	元	0.21	0.10	0.12	0.16	0.29
	小计	元	12.66	5.77	7.34	9.62	17.71
(二)	人工	工时	2.4	2.4	2.4	2.4	2.4
	汽油	kg					
	柴油	kg					
	电	kW·h					
	风	m^3					
	水	m^3					
	煤	kg					
备注							
编号			9014	9015	9016	9017	9018

续表

电力变压器		离心水泵					
220kV 三相		单级					
容量（kVA）		功率（kW）					
31500	50000	5～10	11～17	22	30	55	75
18.21	21.74	0.19	0.31	0.43	0.64	1.08	1.37
1.08	1.29	1.08	1.76	2.40	3.60	4.36	5.49
0.32	0.39	0.32	0.51	0.70	1.05	1.24	1.56
19.61	23.42	1.59	2.58	3.53	5.29	6.68	8.42
2.4	2.4	1.3	1.3	1.3	1.3	1.3	1.3
		9.1	15.5	20.1	27.4	50.2	68.5
9019	9020	9021	9022	9023	9024	9025	9026

项目		单位	离心水泵				
			单级双吸				多级
			功率（kW）				
			20	55	100	135	7.0
(一)	折旧费	元	1.07	1.41	2.05	3.08	0.36
	修理及替换设备费	元	4.37	7.75	11.16	12.91	1.30
	安装拆卸费	元	1.23	2.20	2.94	3.41	0.41
	小计	元	6.67	11.36	16.15	19.40	2.07
(二)	人工	工时	1.3	1.3	1.3	1.3	1.3
	汽油	kg					
	柴油	kg					
	电	kW·h	19.3	53.2	96.7	130.5	7.0
	风	m^3					
	水	m^3					
	煤	kg					
备注							
编号			9027	9028	9029	9030	9031

续表

离心水泵					汽油泵	潜水泵	
多级							
功率（kW）							
14	40	100	230	410	2.2～3.7	2.2	7.0
0.53	2.53	4.58	5.88	6.92	0.25	0.40	0.62
1.85	7.83	10.54	13.18	13.48	0.96	1.99	2.87
0.59	2.63	4.02	4.83	4.94	0.23	0.66	1.02
2.97	12.99	19.14	23.89	25.34	1.44	3.05	4.51
1.3	1.3	1.3	1.3	1.3	1.3	1.3	1.3
					1.0		
14.0	40.0	100.1	230.1	410.2		1.9	6.0
9032	9033	9034	9035	9036	9037	9038	9039

项目		单位	潜水泵	深井泵	污水泵		
			功率（kW）				
			34	14	4.0	7.5	22
（一）	折旧费	元	1.80	1.28	0.27	0.48	1.10
	修理及替换设备费	元	5.07	2.37	1.84	2.61	4.45
	安装拆卸费	元	2.20	1.01	0.78	0.95	1.20
	小计	元	9.07	4.66	2.89	4.04	6.75
（二）	人工	工时	1.3	1.3	1.3	1.3	1.3
	汽油	kg					
	柴油	kg					
	电	kW·h	29.2	12.0	3.9	7.5	21.3
	风	m^3					
	水	m^3					
	煤	kg					
备注							
编号			9040	9041	9042	9043	9044

续表

污水泵	衬胶泵	灰 渣 泵		电磁试压泵	耐酸泵	电动油泵	叶式通风机
功 率 (kW)						ZB4-500	功率(kW)
55	17	75	115	3.0	3.0		4.5
2.66	3.84	4.39	7.05	0.25	0.29	0.03	0.37
6.72	6.32	7.21	11.60	1.36	0.30	0.15	1.17
1.61	2.53	2.89	4.64		0.11		0.20
10.99	12.69	14.49	23.29	1.61	0.70	0.18	1.74
1.3	1.3	1.3	1.3	1.3	1.3	1.3	0.7
53.2	16.4	72.5	111.1	2.9	2.9	24.2	4.0
9045	9046	9047	9048	9049	9050	9051	9052

项目		单位	叶式通风机				离心通风机
			功率（kW）				
			10	20	40	70	4.5
(一)	折旧费	元	0.55	0.86	1.49	2.72	0.11
	修理及替换设备费	元	1.77	2.60	3.67	4.80	0.69
	安装拆卸费	元	0.26	0.27	0.46	0.74	0.04
	小计	元	2.58	3.73	5.62	8.26	0.84
(二)	人工	工时	0.7	0.7	0.7	0.7	0.7
	汽油	kg					
	柴油	kg					
	电	kW·h	7.6	15.1	30.2	52.9	3.4
	风	m^3					
	水	m^3					
	煤	kg					
备注							
编号			9053	9054	9055	9056	9057

续表

离心通风机				轴流通风机			
功率（kW）							
10	28	55	75	7.5	14	28	37
0.34	1.02	1.56	1.83	0.43	2.45	3.66	4.18
1.39	2.86	3.12	3.53	0.65	3.77	6.08	6.95
0.11	0.32	0.42	0.49	0.08	0.58	0.94	1.11
1.84	4.20	5.10	5.85	1.16	6.80	10.68	12.24
0.7 7.6	0.7 21.2	0.7 41.6	0.7 56.7	0.7 5.7	0.7 10.6	0.7 21.2	0.7 28.0
9058	9059	9060	9061	9062	9063	9064	9065

项目		单位	轴流通风机		开启式活塞制冷压缩机		活塞制冷压缩机组
					210F	410F	NJF11Z
			功率（kW）		制冷量（kW）		
			55	2×55	16	33	16
（一）	折旧费	元	7.31	12.19	0.67	0.77	1.41
	修理及替换设备费	元	10.97	14.26	0.98	1.13	2.05
	安装拆卸费	元	1.53	2.32	0.17	0.20	0.36
	小计	元	19.81	28.77	1.82	2.10	3.82
（二）	人工	工时	0.7	1.3	2.4	2.4	2.4
	汽油	kg					
	柴油	kg					
	电	kW·h	41.6	67.3	8.0	15.9	8.0
	风	m^3					
	水	m^3					
	煤	kg					
备注							
编号			9066	9067	9068	9069	9070

续表

活塞制冷压缩机组	活塞式冷水机组		螺杆式压缩冷凝机组		螺杆式冷凝贮液机组		螺杆式氨泵机组
NJF22Z	LSF30	LSF60	NJLGF30Z	NJLGF55Z	NZLGF65G	NZLGF100Z	ABLG30Z
制冷量（kW）							
33	27	55	60	130	130	290	65
1.81	2.32	3.29	4.97	6.63	8.36	12.67	6.63
2.64	3.39	4.80	7.24	9.67	12.21	18.50	9.67
0.46	0.60	0.84	1.27	1.70	2.14	3.24	1.70
4.91	6.31	8.93	13.48	18.00	22.71	34.41	18.00
2.4	2.4	2.4	2.4	2.4	2.4	2.4	2.4
15.9	8.0	15.9	21.7	39.8	47.0	72.3	21.7
			配 xy-30 电控柜	配 xy-55 电控柜	配 xy-65 电控柜	配 xy-100 电控柜	配 XB-30 电控柜
9071	9072	9073	9074	9075	9076	9077	9078

项目		单位	螺杆式氨泵机组		螺杆式制冷压缩机组		
			ABLG55Z	ABLG 100Z	LG10A 30Z	LG12.5A 55Z	LG16A 100Z
			制冷量（kW）				
			130	280	65	140	290
(一)	折旧费	元	9.86	14.83	3.83	4.88	6.33
	修理及替换设备费	元	14.40	21.65	5.58	7.13	9.24
	安装拆卸费	元	2.52	3.80	0.98	1.25	1.62
	小计	元	26.78	40.28	10.39	13.26	17.19
(二)	人工	工时	2.4	2.4	2.4	2.4	2.4
	汽油	kg					
	柴油	kg					
	电	kW·h	39.8	72.3	21.7	39.8	72.3
	风	m^3					
	水	m^3					
	煤	kg					
备注			配 XB-55 电控柜	配 XB-100 电控柜	配 x-30 电控柜	配 x-55 电控柜	配 x-100 电控柜
编号			9079	9080	9081	9082	9083

续表

螺杆式制冷压缩机组					螺杆式冷水机组		
LG16A 220Z	LG25A 450Z	LG16A 150G	LG20A 250G	LG31.5A 800D2	LSLGF 100	LSLGF 200	LSLGF 300
制　　冷　　量 (kW)							
580	1160	290	580	2330	116	220	318
8.70	34.16	7.41	8.74	88.65	6.72	9.62	11.22
12.71	49.87	10.82	12.76	129.42	9.82	14.04	16.37
2.23	8.74	1.90	2.23	22.69	1.72	2.46	2.87
23.64	92.77	20.13	23.73	240.76	18.26	26.12	30.46
2.4	2.4	2.4	2.4	2.4	2.4	2.4	2.4
159.0	325.2	108.4	180.7	578.1	21.7	47.0	61.4
配 x-220 电控柜	另　配 电控柜	配 x-150 电控柜	配 x-250 电控柜	另　配 电控柜	配 xy-30 电控柜	配 xy-65 电控柜	配 xy-85 电控柜
9084	9085	9086	9087	9088	9089	9090	9091

项目		单位	螺杆式冷水机组			立式冷凝器	
			LSLGF 500	LSLGF 1000	LSLGF 2000		
			制 冷 量 (kW)			型 号	
			491	983	1840	LN80	LN125
(一)	折旧费	元	14.87	22.12	52.76	2.53	3.84
	修理及替换设备费	元	21.70	32.30	77.03	1.60	2.43
	安装拆卸费	元	3.81	5.66	13.50	0.06	0.08
	小计	元	40.38	60.08	143.29	4.19	6.35
(二)	人工	工时	2.4	2.4	2.4		
	汽油	kg					
	柴油	kg					
	电	kW·h	90.3	180.7	361.5		
	风	m^3					
	水	m^3					
	煤	kg					
备注			配 xy-125 电控柜	配 xy-250 电控柜	另配电控柜		
编号			9092	9093	9094	9095	9096

续表

立式冷凝器		卧式冷凝器					氨油分离器
型号							
LN250	LN300	WN150	WN200	WN280	WN300	WN400	YF125-X
8.10	9.62	5.12	7.77	10.86	13.16	15.71	0.43
5.13	6.10	3.24	4.92	6.88	8.34	9.95	0.27
0.18	0.21	0.11	0.17	0.24	0.29	0.35	0.01
13.41	15.93	8.47	12.86	17.98	21.79	26.01	0.71
9097	9098	9099	9100	9101	9102	9103	9104

项目		单位	贮液器			氨液分离器	
			容积（m^3）			型号	
			3.3	4.4	5.0	AF-600	AF1000-1
（一）	折旧费	元	2.64	3.03	3.15	0.69	1.16
	修理及替换设备费	元	1.41	1.68	1.74	0.53	0.74
	安装拆卸费	元	0.05	0.06	0.06	0.02	0.03
	小计	元	4.10	4.77	4.95	1.24	1.93
（二）	人工	工时					
	汽油	kg					
	柴油	kg					
	电	kW·h					
	风	m^3					
	水	m^3					
	煤	kg					
备注							
编号			9105	9106	9107	9108	9109

续表

蒸发器		空气分离器	空气冷却器				片冰机
型号							
LZ-90	LZ-320	KF-20	KL760	GKL680	GKL1000	GKL1250	PBL15/24
4.24	14.31	0.12	4.20	4.87	7.66	10.44	11.36
3.30	11.16	0.14	3.40	4.16	6.51	8.88	8.00
1.09	3.67	0.04	1.30	1.66	2.45	3.13	2.00
8.63	29.14	0.30	8.90	10.69	16.62	22.45	21.36
							2.4 8.7
9110	9111	9112	9113	9114	9115	9116	9117

项目		单位	片冰机	玻璃钢冷却塔	贮冰称量装置	冰库	
			型号				
			30t	NBL500	300 kg	30t	60t
(一)	折旧费	元	27.77	5.40	1.81	42.38	69.62
	修理及替换设备费	元	15.23	4.37	1.15	59.33	97.46
	安装拆卸费	元	3.83	1.59	0.47	10.60	17.40
	小计	元	46.83	11.36	3.43	112.31	184.48
(二)	人工	工时	2.4	2.4		5.3	8.0
	汽油	kg					
	柴油	kg					
	电	kW·h	15.9	21.7	24.6	14.5	24.6
	风	m^3					
	水	m^3					
	煤	kg					
备注							
编号			9118	9119	9120	9121	9122

续表

电焊机					点焊机		
直流（kW）			交流（kVA）				
9.6	20	30	25	50	20	30	75
0.45	0.94	1.03	0.33	0.54	0.38	0.75	1.63
0.30	0.60	0.68	0.30	0.51	0.91	1.83	2.91
0.08	0.17	0.19	0.09	0.16	0.18	0.37	0.67
0.83	1.71	1.90	0.72	1.21	1.47	2.95	5.21
					1.3	1.3	1.3
9.6	20.0	30.0	14.5	36.1	12.2	18.3	45.9
9123	9124	9125	9126	9127	9128	9129	9130

项目		单位	点焊机	多点焊机		对焊机	
			交流（kVA）			电阻型（kVA）	
			150	300	1000	75	150
（一）	折旧费	元	1.99	2.02	3.62	0.94	1.35
	修理及替换设备费	元	3.43	3.97	7.08	2.22	3.20
	安装拆卸费	元	0.82	0.93	1.66	0.45	0.65
	小计	元	6.24	6.92	12.36	3.61	5.20
（二）	人工	工时	1.3	1.3	1.3	1.3	1.3
	汽油	kg					
	柴油	kg					
	电	kW·h	80.1	86.7	289.1	36.7	80.1
	风	m^3					
	水	m^3					
	煤	kg					
备注							
编号			9131	9132	9133	9134	9135

对焊机		自动电焊机			半自动电焊机	气割枪	钢筋弯曲机
电弧型（kVA）		等速		变速			
150	300	MZ_1～1000	MZ_2～1500	MZ～1000	MB～500	ACM～2	Φ6～40
1.69	1.88	2.61	3.41	2.85	1.33	0.06	0.53
2.56	3.06	1.83	2.51	2.10	0.95	0.11	1.45
0.76	0.91	0.32	0.46	0.39	0.15		0.24
5.01	5.85	4.76	6.38	5.34	2.43	0.17	2.22
1.3	1.3					1.3	1.3
80.1	146.8	30.7	36.8	46.0	20.0		6.0
8.1	15.8						
3.2	5.5						
9136	9137	9138	9139	9140	9141	9142	9143

项目		单位	钢筋切断机			钢筋调直机	型钢剪断机
			功率（kW）				
			7.0	10	20	4～14	13
（一）	折旧费	元	0.75	0.89	1.18	1.60	8.65
	修理及替换设备费	元	1.13	1.32	1.71	2.69	4.89
	安装拆卸费	元	0.18	0.22	0.28	0.44	1.33
	小计	元	2.06	2.43	3.17	4.73	14.87
（二）	人工	工时	1.3	1.3	1.3	1.3	1.3
	汽油	kg					
	柴油	kg					
	电	kW·h	6.0	8.6	17.2	7.2	10.1
	风	m^3					
	水	m^3					
	煤	kg					
备注							
编号			9144	9145	9146	9147	9148

续表

弯管机	型材弯曲机	钢模板调平机	卷板机				
功率(kW)			规格(mm)				
7.0		GMTP－81A	2.25×1000	20×2000	30×3000	22×3500	22×4000
5.17	1.18	1.16	2.43	9.40	71.06	72.84	81.46
1.77	2.94	0.93	0.64	1.72	12.99	13.31	14.88
0.12	0.47	0.04	0.07	0.16	1.17	1.20	1.35
7.06	4.59	2.13	3.14	11.28	85.22	87.35	97.69
1.3	1.3	2.4	2.4	2.4	2.4	2.4	2.4
5.5	7.8	18.0	3.1	16.7	22.2	22.2	25.0
9149	9150	9151	9152	9153	9154	9155	9156

项目		单位	卷板机				剪板机
			规格（mm）				
			40×3000	50×3000	60×3000	70×3000	6.3×2000
（一）	折旧费	元	104.04	109.67	128.31	157.92	3.24
	修理及替换设备费	元	19.01	20.04	23.44	28.85	2.58
	安装拆卸费	元	1.72	1.81	2.12	2.61	0.10
	小计	元	124.77	131.52	153.87	189.38	5.92
（二）	人工	工时	2.4	2.4	2.4	2.4	2.4
	汽油	kg					
	柴油	kg					
	电	kW·h	30.0	36.1	50.0	58.4	8.0
	风	m^3					
	水	m^3					
	煤	kg					
备注							
编号			9157	9158	9159	9160	9161

续表

刨边机		铆钉枪	空气锤				普通车床
规格（mm）			规格（kg）				规格(mm)
9.0	12	SHD66-3	45	75	150	560	Φ250～400
25.51	30.21	0.07	0.88	2.59	4.00	9.04	5.07
8.55	10.12		1.64	3.56	4.59	9.61	4.77
0.72	0.78		0.09	0.20	0.27	0.48	0.04
34.78	41.11	0.07	2.61	6.35	8.86	19.13	9.88
1.3	1.3		2.4	2.4	2.4	2.4	1.3
43.8	73.4	62.1	3.0	5.0	8.7	26.7	4.0
9162	9163	9164	9165	9166	9167	9168	9169

项目		单位	普通车床			单柱立式车床	
			规格（mm）				
			Φ400～600	Φ600～800	Φ800～1000	Φ750～1250	Φ1250～1600
（一）	折旧费	元	5.88	9.40	16.27	14.97	21.15
	修理及替换设备费	元	4.91	5.15	8.72	10.18	14.24
	安装拆卸费	元	0.05	0.07	0.11	0.10	0.16
	小计	元	10.84	14.62	25.10	25.25	35.55
（二）	人工	工时	1.3	1.3	2.4	2.4	2.4
	汽油	kg					
	柴油	kg					
	电	kW·h	8.0	12.0	16.0	14.7	24.7
	风	m^3					
	水	m^3					
	煤	kg					
备注							
编号			9170	9171	9172	9173	9174

续表

单柱立式车床	双柱立式车床		落地车床	摇臂钻床		立式钻床	
规格 (mm)							
Φ1600～2000	Φ2400～3150	Φ3150～4000	Φ1500～2000	Φ20～35	Φ35～50	Φ13	Φ25
28.54	31.56	41.29	29.21	3.12	4.45	0.43	2.08
18.29	17.19	22.50	16.85	1.90	2.71	0.66	1.54
0.20	0.20	0.27	0.22	0.02	0.03		0.01
47.03	48.95	64.06	46.28	5.04	7.19	1.09	3.63
2.4	2.4	2.4	2.4	1.3	1.3	1.3	1.3
46.7	93.4	103.4	6.7	2.9	4.7	2.0	3.0
9175	9176	9177	9178	9179	9180	9181	9182

项目		单位	卧式镗床 规格（mm）		落地镗床	外圆磨床	内圆磨床
			Φ60～90	Φ90～125	TX6211	M1420E	M215A
（一）	折旧费	元	9.05	24.44	27.19	4.47	4.65
	修理及替换设备费	元	5.92	15.98	39.76	2.46	2.56
	安装拆卸费	元	0.12	0.31	0.25	0.04	0.04
	小计	元	15.09	40.73	67.20	6.97	7.25
（二）	人工	工时	1.3	1.3	1.3	1.3	1.3
	汽油	kg					
	柴油	kg					
	电	kW·h	11.2	12.7	9.1	4.1	5.5
	风	m^3					
	水	m^3					
	煤	kg					
备注							
编号			9183	9184	9185	9186	9187

续表

万能工具磨床	曲轴磨床	万能外圆磨床	珩磨机	平面磨床	铣齿机	滚齿机	插齿机
MQ6025A	MQ8240	ME1450	M4214	M7132H		YG3612A	
2.72	6.72	11.85	2.84	6.00	3.62	8.14	5.37
1.49	3.69	6.51	1.09	2.31	4.73	8.87	5.85
0.02	0.06	0.11	0.02	0.04	0.24	0.05	0.38
4.23	10.47	18.47	3.95	8.35	8.59	17.06	11.60
1.3	1.3	1.3	1.3	1.3	1.3	1.3	1.3
1.0	7.6	11.9	2.2	6.7	6.0	0.6	3.4
9188	9189	9190	9191	9192	9193	9194	9195

项目		单位	铣床		牛头刨床	插床	弓锯床
			X5025	XQ2011/3M	B=650mm	B5032	G7116
(一)	折旧费	元	5.84	48.65	2.26	4.62	0.41
	修理及替换设备费	元	6.36	53.01	2.09	5.03	0.44
	安装拆卸费	元	0.37	3.12	0.15	0.30	0.03
	小计	元	12.57	104.78	4.50	9.95	0.88
(二)	人工	工时	1.3	1.3	1.3	1.3	1.3
	汽油	kg					
	柴油	kg					
	电	kW·h	3.0	26.7	2.3	3.0	0.3
	风	m^3					
	水	m^3					
	煤	kg					
备注							
编号			9196	9197	9198	9199	9200

续表

木工加工机械						龙门刨床	
大带锯	圆盘锯	带锯机	双面刨床	平面刨床	开榫机	BQ2010	B2016A-S
3.36	0.40	1.28	1.01	0.60	1.68	1.36	44.98
3.62	1.17	1.39	1.10	0.62	2.56	1.48	49.01
0.18	0.05	0.18	0.15	0.08	0.15	0.09	2.88
7.16	1.62	2.85	2.26	1.30	4.39	2.93	96.87
3.4	2.4	2.4	1.3	1.3	1.3	2.4	2.4
1.0	7.1	5.3	9.0	3.1	3.1	5.2	46.7
9201	9202	9203	9204	9205	9206	9207	9208

项目		单位	电焊条烘干箱	平板硫化机		水磨石机
			600mm×500mm×750mm	一般	大型	
(一)	折旧费	元	1.86	1.20	2.22	0.13
	修理及替换设备费	元	1.21	2.11	3.90	0.38
	安装拆卸费	元		0.26	0.49	0.04
	小计	元	3.07	3.57	6.61	0.55
(二)	人工	工时		1.3	1.3	1.3
	汽油	kg				
	柴油	kg				
	电	kW·h	2.3	5.8	10.1	2.0
	风	m^3				
	水	m^3				
	煤	kg				
备注						
编号			9209	9210	9211	9212